# APP UI
# 设计之道

甘霖 李雪◎编著

清华大学出版社

北京

## 内 容 简 介

本书是全面学习APP UI设计和Photoshop使用方法与技巧的快速入门与提高教程，内容包括Photoshop系统的使用基础、APP UI设计基础、APP中的光影设计、APP中的字体设计、简约Icon设计、三维Icon设计、多种图形设计、控件设计、界面设计、导航设计等。

在内容安排上，为了使读者更快地掌握软件的基本功能，书中结合大量的UI实例讲解Photoshop软件中一些抽象的概念、命令和功能。在写作方式上，本书紧贴软件的实际操作界面，使用软件中真实的对话框、操控板和按钮等进行讲解，使初学者能够直观、准确地操作软件进行学习，从而尽快上手，提高学习效率。

本书内容全面，条理清晰，实例丰富，讲解详细，适合UI设计爱好者阅读，也可供想进入UI设计领域的读者朋友，以及设计专业的大中专学生阅读。

**图书在版编目(CIP)数据**

APP UI设计之道/甘霖，李雪编著. —北京：清华大学出版社，2018
ISBN 978-7-302-49556-7

Ⅰ.①A… Ⅱ.①甘… ②李… Ⅲ.①移动电话机—应用程序—程序设计 Ⅳ.①TN929.53

中国版本图书馆CIP数据核字(2018)第029420号

责任编辑：魏　莹　桑任松
装帧设计：杨玉兰
责任校对：宋延清
责任印制：李红英

出版发行：清华大学出版社
　　　　网　　　址：http://www.tup.com.cn，http://www.wqbook.com
　　　　地　　　址：北京清华大学学研大厦A座　　　邮　　编：100084
　　　　社 总 机：010-62770175　　　　邮　　购：010-62786544
　　　　投稿与读者服务：010-62776969，c-service@tup.tsinghua.edu.cn
　　　　质量反馈：010-62772015，zhiliang@tup.tsinghua.edu.cn
印 装 者：北京亿浓世纪彩色印刷有限公司
经　　销：全国新华书店
开　　本：190mm×260mm　　　印　　张：25.25　　　字　　数：549千字
版　　次：2018年4月第1版　　　印　　次：2018年4月第1次印刷
印　　数：1~3000
定　　价：98.00元

产品编号：074300-01

# 前 言

我国互联网行业目前已经进入高速发展阶段，各行各业都在进军互联网行业，互联网产业的规模在不断扩大，用户体验越来越受到重视。随着技术领域的发展，产品的人性化意识日趋增强，UI 设计师也成了这两年的紧俏职业。

现在手机屏幕越来越大，各种智能设备的发展，对软件界面设计的要求也越来越高。APP 界面设计已不仅满足于追求时髦的人的手机炫酷，已经成为企业形象宣传的一把利器。鉴于此，APP 应用公司越来越重视界面设计的个性化、时尚化与服务化。

用户对 APP 界面设计的要求是不断变化的，近几年的发展趋势主要是要求简洁和易用，扁平化已成为最火的发展趋势。简洁设计旨在通过清晰的视觉交流来解决用户的问题，而简单的用户界面结合强大的可用性，会令用户印象深刻。一个简单易用的应用也能更容易地传播和推广。

本书汇集作者在手机 APP 界面设计方面的丰富经验，详细讲解 APP 手机界面设计知识，从写实到新潮，从质感到流行，从图标到整体商业案例系统，手把手教您学会 APP 界面的创意设计。

通过阅读本书，读者可以快速了解以下内容：

- 快速认识并了解 UI 设计。
- 快速掌握图标制作基础。
- 学会制作写实 APP 图标。
- 快速掌握 iOS 新潮扁平风的设计技法。
- 学会质感 APP 的表现手法。
- 熟练掌握个性化字体设计的方法。
- 掌握真正的手机 APP 界面商业案例设计的技巧。

本书采用最新版本软件 Photoshop CC 2017 来制作和讲解，Photoshop 作为目前非常流行的一款设计软件，凭借其强大的功能和易学易用的特性，深受广大设计师的喜爱。同时，本书并不局限于具体的软件版本，而同样适合于 CS、CS2、CS3、CS4、CS5、CS6 版本，所以读者完全不用担心会被软件版本所困扰。

本书内容全面、结构清晰、实例新颖，采用理论知识与操作案例相结合的教学方式，全面地向用户介绍了手机 APP UI 界面设计所需的基础知识和操作技巧，综合实用性较强，可确保用户能够理解并掌握相应的功能与操作。读者可登录 http://www.tup.com.cn 下载本书案例素材文件。

本书主要由华北理工大学的甘霖、李雪老师编写，其中第 1、2、3、4、7、8、11 章由甘霖老师编写，第 5、6、9、10 章由李雪老师编写。杨宇璇、张婷、封素洁、代小华、封超等也参与了本书的编写。由于作者水平所限，本书错误在所难免，敬请广大读者批评指正。

编　者

CONTENTS **目 录**

# 目录

# 第 1 章

## Photoshop 系统的使用基础

本书以 Photoshop APP UI 设计为主题，因此首先应该了解 Photoshop 与智能手机 UI 之间的关系。在使用 UI 设计来美化界面的时候，需要用到工具软件 Photoshop，因此本章主要介绍 Photoshop 的基本操作。

## 关键知识点：

Photoshop 的安装、卸载、启动和退出

图像的基本操作

界面调整

## 1.1 Photoshop 的安装、卸载、启动和退出

Photoshop 是可运行于 Windows、Mac OS、Unix 等操作系统上的图像处理软件，本书将以 Windows 为平台介绍 Photoshop。

### 1.1.1 安装 Photoshop

将软件商提供的 Photoshop 安装程序光盘放入光驱，打开 Photoshop 的文件夹，双击 Setup.exe 执行程序，按照安装引导程序的提示一步一步地操作，依据安装询问输入相应内容即可完成 Photoshop 的安装。

### 1.1.2 卸载 Photoshop

在"我的电脑"→"控制面板"窗口中双击"添加 / 删除程序"命令，打开"添加 / 删除程序"窗口，选择 Photoshop，单击"删除"按钮，开始卸载程序，直至卸载完毕。

### 1.1.3 启动 Photoshop

(1) 执行 Windows 桌面上的"开始"→"程序"→"Adobe Photoshop"命令。

(2) 显示 Adobe Photoshop 的启动界面，如图 1-1 所示。

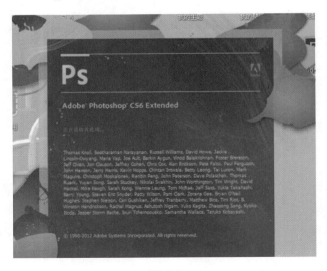

图 1-1

(3) 启动界面结束后，就打开了 Photoshop 的操作界面，如图 1-2 所示，所有对图像文件的操作都将在这里完成。

图 1-2

### 1.1.4　退出 Photoshop

当不需要使用 Photoshop 时，使用以下任何一种方法，都可退出 Photoshop。

(1) 执行"文件"→"退出"菜单命令，或单击 Photoshop 窗口右上角的关闭按钮，就会关闭所有打开的图像窗口并退出 Photoshop 程序。

(2) 双击标题栏左端的程序图标。

(3) 按 Alt+F4 组合键或 Ctrl+Q 组合键 ( 若文件没有存储，将会弹出提示，询问用户是否存储文件 )，根据需要来选择保存或取消此次操作，如图 1-3 所示。

图 1-3

## 1.2　图形图像文件的基本操作

前面讲解了如何安装、卸载以及启动 Photoshop，启动程序之后，即可对图形图像文件进行操作了，包括新建图像文件、保存新文件、打开和关闭图像文件、置入图像等操作。

### 1. 创建新的图像文件

启动程序后，可以新建一个符合目标应用领域要求的图像文件，其操作步骤如下。

01 执行"文件"→"新建"命令或按 Ctrl+N 组合键。

> **注　意**
>
> 按住 Ctrl 键的同时双击 Photoshop 工作区也可以打开"新建"对话框。

02 在弹出的如图 1-4 所示的"新建"对话框中，设置以下各项参数。

(1)　"名称"：输入新文件的名称。不输入，系统默认名为"未标题 -1"。

(2)　"预设"：选择一个图像预设尺寸大小。如选择 F4，则在"宽度"和"高度"列表框中将显示预设的尺寸值。

(3)　"宽度"：设置新文件的宽度。

(4)　"高度"：设置新文件的高度。

(5)　"分辨率"：设置新文件的分辨率。

> **注　意**
>
> 表示图像大小的单位有"像素"、"英寸"、"厘米"、"点"、"派卡"和"列"，表示分辨率的单位有"像素 / 英寸"和"厘米 / 英寸"，输入数值时要确定其单位。

(6)　"颜色模式"：设置新文件的色彩模式；指定位深度，确定可使用颜色的最大数量。通常采用 RGB 色彩模式，8 位 / 通道。

(7)　"背景内容"：设置新文件的背景层颜色，有"白色"、"背景色"和"透明"三种选择。当选择"背景色"选项时，新文件的颜色与工具栏中背景颜色框中的颜色相同。

(8)　"高级"选项区：该选项区用来设置颜色概况和像素比率，是 Photoshop 的新增功能。

### 2. 打开和关闭图像文件

在使用 Photoshop 编辑已有文件时，需要打开文件，方法主要包括以下两种。

(1) 执行"文件"→"打开"命令或按 Ctrl+O 组合键。

(2) 在 Photoshop 桌面的空白区域双击。

弹出"打开"对话框，选择一个图像文件，再单击"打开"按钮（或双击要打开的文件），即可打开图像文件，如图 1-5 所示。

图 1-4

图 1-5

若要同时查看或打开多个文件，可执行"文件"→"浏览"命令或按 Ctrl+Shift+O 组合键，打开"文件浏览器"对话框，选择一个或多个目标文件打开。

图像编辑完成后，可将当前文件关闭，或关闭所有文件。

(1) 执行"文件"→"关闭"命令或按 Ctrl+W 组合键或 Ctrl+F4 组合键，关闭当前文件。

(2) 执行"文件"→"关闭全部"命令或按 Ctrl+Alt+W 键，关闭当前打开的所有文件。

### 3. 存储图像文件

存储文件可使用"存储"、"存储为"、"存储为 Web 所用格式"等命令，每个命令可以保存成不同的文件。

(1) "存储"命令。

执行"文件"→"存储"命令，或按 Ctrl+S 组合键。如果当前文件从未保存过，将会打开如 图 1-6 所示的"存储为"对话框；如果至少保存过一次文件，则直接保存当前文件修改后的信息，而不会出现如图 1-6 所示的对话框。

(2) "存储为"命令。

执行"文件"→"存储为"命令，或按 Ctrl+Shift+S 组合键，也会弹出"存储为"对话框，在此对话框中可以选择不同的位置、不同的文件名或不同的格式存储原来的图像文件，可用选项根据所选取的具体格式而有所改变。

图 1-6

(3) "存储为 Web 所用格式"命令。

执行"文件"→"存储为 Web 所用格式"命令或按 Ctrl+Alt+Shift+S 键，将打开如图 1-7 所示的"存储为 Web 所用格式"对话框，可以直接将当前文件保存成 HTML 格式的网页文件。

图 1-7

下面举例说明如何新建并生成名为"平面设计 .psd"文件。操作步骤如下。

**01** 启动程序，执行"文件"→"新建"命令，弹出"新建"对话框，输入名称"平面设计"，如图 1-8 所示。

**02** 在"宽度"和"高度"右侧的下拉列表框中选择"像素"，然后在文本框中输入宽度及高度值，在"分辨率"文本框中输入分辨率，如图 1-9 所示。

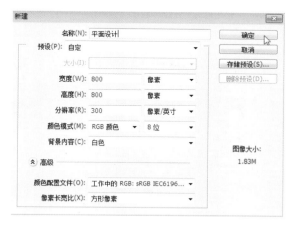

图 1-8

图 1-9

**03** 在"背景内容"下拉列表框中选择"透明"选项，如图 1-10 所示，单击"确定"按钮。

**04** 将出现一个空白的文档，再执行"文件"→"存储为"命令，如图 1-11 所示。

图 1-10

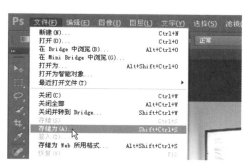

图 1-11

**05** 弹出"存储为"对话框，指定保存位置、输入文件名称，文件类型默认为 PSD 格式，单击"保存"按钮，如图 1-12 所示。

### 4. 恢复图像文件

恢复图像文件是指将当前图像恢复到其最后一次存储时的状态。恢复文件有一个前提条件：要恢复的文件至少被保存过一次，而且被修改的信息尚未被保存。执行"文件"→"恢复"命令即可恢复。

### 5. 置入图形文件

Photoshop 是一个位图软件，但它也支持导入矢量图，可以将矢量图软件制作的图形文件 ( 如 Adobe Illustrator 软件制作的 *.ai 图形文件，以及 *.pdf 和 *.eps 等格式文件 ) 导入 Photoshop 中，其操作步骤如下。

**01** 打开或创建一个要导入图形的图像文件。

**02** 执行"文件"→"置入"命令，出现 "置入"对话框，设定各项参数后单击"置入"按钮，矢量图形就被插入图像文件中，如图 1-13 所示，同时，在"图层"面板中将增加一个新图层，如图 1-14 所示。

图 1-12

图 1-13

图 1-14

## 1.3  Photoshop 系统界面调整

本节主要讲解 Photoshop 的界面调整，在学习调整的方法之前，需要对 Photoshop 界面的组成部分有一个大概的了解。

## 1.3.1 界面组成部分

启动 Photoshop 后，将会出现如图 1-15 所示的界面，与其他的图形处理软件的操作界面基本相同，主要包括菜单栏、工具选项栏、工具栏、图像窗口、控制面板等。

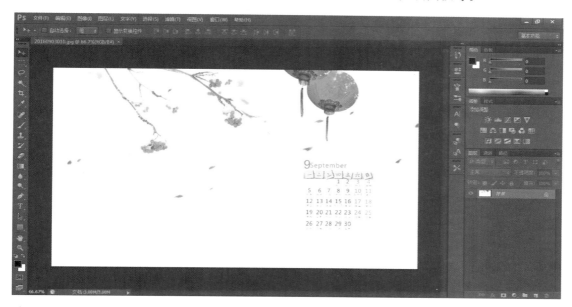

图 1-15

### 1. 菜单栏

菜单栏中包含各类操作命令，同一类操作命令包含在同一个下拉菜单中，下拉菜单中的命令如果显示为黑色，表示此命令当前可用，如果显示为灰色，则表示此命令当前不可用。Photoshop 根据图像处理的各种要求，将所有的功能分类后，分别放在 10 个菜单中，如图 1-16 所示，分别为文件、编辑、图像、图层、文字、选择、滤镜、视图、窗口及帮助菜单。

Ps  文件(F)  编辑(E)  图像(I)  图层(L)  文字(Y)  选择(S)  滤镜(T)  视图(V)  窗口(W)  帮助(H)

图 1-16

在每个菜单名称下方，都包含相关的命令，因此菜单中包含 Photoshop 的大部分操作命令，大部分功能都可以通过菜单来实现。一般情况下，一个菜单中的命令是固定不变的，但是，有些菜单可以根据当前环境的变化，适当增加或减少某些命令。

### 2. 工具选项栏

工具选项栏位于菜单的下方，主要用于设置各工具的参数。工具选项栏的选项会根据操

作工具的不同而有所不同。图 1-17 所示为选择"椭圆工具"时工具栏的显示。

图 1-17

### 3. 工具栏

工具栏是 Photoshop CS6 的一大特色，也是 Adobe 开发软件的独特之处，在工具栏中，除了包含各种操作工具外，还可以对文件窗口进行控制、设置在线帮助以及切换到 ImageReady 等，工具栏位于操作界面的左侧。如图 1-18 所示，单击工具栏左上角的三角图案，即可以进行两种形式的切换。

对于工具栏中的工具，直接单击相应的工具按钮即可使用。如果工具按钮的右下角有一个黑色小三角，则表示该工具按钮中还有隐藏的工具，用鼠标右击工具按钮，就会弹出工具组中的其他工具，如图 1-19 所示。将鼠标移动到工具按钮上并稍停片刻，就会显示工具的名称，括号内的字母即为该工具的快捷键。

工具栏的上面部分为编辑图像用的工具，而下面部分则是"前景色 / 背景色控制"工具 ▣、"以快速蒙版模式编辑 / 以标准模式编辑"工具 ◎ 以及"更改屏幕模式"工具 ▣。

图 1-18

套索工具

画笔工具

图 1-19

---

**注 意**

按住 Alt 键的同时单击工具按钮，也可以直接实现工具的切换。或者在工具按钮上按住鼠标左键不放，也可弹出其他工具。

---

"前景色 / 背景色控制"工具用于设定前景色和背景色，单击色彩控制框，将出现"拾色器"

对话框，如图 1-20 所示。用户可以从中选取颜色作为前景色和背景色。单击 ↻ 按钮或按 X 键，则可以将前景色和背景色互换。拾色器也可以吸取素材中已有的色彩，如图 1-21 所示，用吸管吸取向日葵花瓣上某一处的色彩，则拾色器的颜色也被自动选择成相对应的同一种颜色。

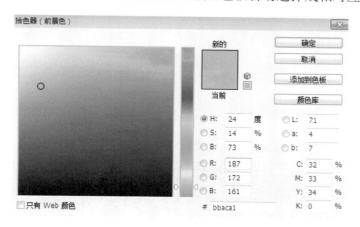

图 1-20

图 1-21

"以快速蒙版模式编辑/以标准模式编辑"工具其实是一个按钮，单击即可切换两种状态。"以标准模式编辑"可以使用户脱离快速蒙版状态；"以快速蒙版模式编辑"允许用户轻松地创建、观察和编辑选择区域。按 Q 键可在这两种状态之间进行切换。

"更改屏幕模式"工具中包括 3 种选择，直接单击按钮即可切换，或在按钮上按住鼠标左键不放来切换，如图 1-22 所示。

(1) 标准屏幕模式：默认状态下的模式。

(2) 带有菜单栏的全屏模式：能够将可用的屏幕全部扩充为使用区域。

图 1-22

(3) 全屏模式：同样能将可用的屏幕全部扩充为使用区域，但不包括开始功能表。

### 4．图像窗口

图像窗口是指显示图像的区域，也是编辑和处理图像的区域，比如对图像区域的选择、改变图像的大小等，如图 1-23 所示。

图 1-23

图像窗口包括标题栏、最大化 / 最小化按钮、滚动条以及图像显示区等几个部分，通过这里的按钮可以调整窗口。

### 5．控制面板

控制面板是 Photoshop 中最灵活、最好用的工具，它们能够控制各种参数的设置，而且设置起来非常直观，并且颜色的选择以及显示图像处理的过程和信息也在控制面板中体现，如图 1-24 所示。控制面板左侧的按钮是一些隐藏的控制面板，单击后即可显示出来，如图 1-25 所示。

第一组控制面板中有"颜色"和"色板"两个控制面板；第二组控制面板中有"调整"和"样式"两个控制面板；第三组控制面板中有"图层"、"通道"、"路径"三个控制面板；其他的面板则隐藏在左侧的按钮中。

图 1-24　　　　　　　　　　　　　图 1-25

　　控制面板并不是一成不变的，可以单个显示，也可以若干个面板组成一组，只要使用鼠标左键拖动面板即可更改。

　　例如下面的操作可以将"字符"面板与其他面板放在一组中。

　　Photoshop 默认的面板显示方式是按相近的功能成组排列。

　　用鼠标拖动"字符"控制面板的标签，将其拖到"样式"面板标签的后面，释放鼠标，如图 1-26 所示。

　　双击控制面板上的一栏，可以使控制面板最小化，如图 1-27 所示。

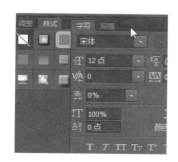

图 1-26　　　　　　　　　　　　图 1-27

### 1.3.2　调整界面

　　使用熟悉的工作界面，对于提高图像处理的效率无疑有很大的帮助，而有时进行不同的操作，又需要不同的工作界面，因此 Photoshop 新增了自定义工作区的功能。

　　选择"窗口"→"工作区"菜单，如图 1-28 所示，可以看到自定义工作区的命令，如"新建工作区"、"删除工作区"和"复位基本功能"等命令。

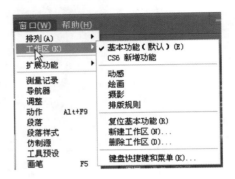

图 1-28

　　也可以直接使用鼠标拖动面板、工具栏等来调整界面，释放鼠标后，即可将其移到指定的位置。

# 第 2 章

## APP UI 设计基础

  智能手机与以往的手机最大的不同在于，它像计算机一样，拥有独立的操作系统，可由用户自行安装第三方应用程序（Application，APP）。本章主要在开始设计各类 APP 之前，介绍 APP UI 设计基础、设计理论及一些设计技巧。

## 关键知识点：

UI 设计概念

APP UI 设计风格

APP UI 界面布局

APP UI 设计要求

学习 APP UI 配色

APP UI 设计流程

## 2.1 APP UI 设计概述

### 2.1.1 UI 设计概述

UI 即 User Interface( 用户界面 ) 的简称。

用户界面是指人和机器互动过程中的界面，以手机为例，手机上的界面都属于用户界面，我们通过对用户界面向手机发出指令，手机根据指令产生相应的反馈。设计用户界面视觉效果的人就称为 UI 设计师。设计领域中，在 PC 端从事网页设计的人称为 WUI(Web User Interface) 设计师或者网页设计师。在移动端从事移动设计的人，称为 GUI(Graphics User Interface) 设计师，如图 2-1 所示。

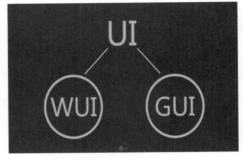

图 2-1

UI 设计是指对软件的人机交互、操作逻辑、界面美观的整体设计。好的 UI 设计不仅会让软件变得有个性、有品位，还会让软件的操作变得简单、舒适、自由，充分体现软件的定位和特点。

与之相应，UI 设计师的职能大体包括三个方面：一是图形设计，即传统意义上的"美工"。当然，实际上他们承担的不是单纯意义上的美术人员工作，而是软件产品的产品"外形"设计。二是交互设计，主要在于设计软件的操作流程、树状结构、操作规范等。一个软件产品在编码之前需要做的就是交互设计，并且确立交互模型、交互规范。三是用户测试 / 研究，这里所谓的"测试"，其目标在于测试交互设计的合理性及图形设计的美观性，主要通过目标用户问卷的形式衡量 UI 设计的合理性。如果没有这方面的测试研究，UI 设计的好坏只能凭借设计师的经验或者领导的审美来判断，这样就会给企业带来极大的风险。

### 2.1.2 APP 概述

上一小节里面我们大概了解了 UI 设计的定义。本小节我们就真正走进移动 UI 设计。

#### 1. 什么是 APP

APP 是英文 Application 的简称，指运行在手机系统上的应用程序软件，比较著名的 APP 商店有 Apple 的 iTunes 商店、Android 的 Android Market、诺基亚的 Ovi Store、BlackBerry 用户的 BlackBerry APP World，以及微软的应用商城。目前主流智能手机的操作系统还是 iOS 和 Android。其他智能手机系统所占份额非常小，我们可以先忽略不计。我们需要掌握 iOS 和 Android 两种系统的应用界面设计知识。

### 2. APP 的开发流程

UI 设计只是整个应用开发的一个环节，要想更好地展开设计工作，就需要掌握 APP 开发维护的整个流程，如图 2-2 所示。

图 2-2

产品经理 (Product Manager)：一般负责收集需求、整理需求、商务沟通等工作，他会根据产品的生命周期，协调设计、研发和测试还有运营。最终产出低保真的原型说明文档（也就是线框图），来表达产品的流程、逻辑、布局、视觉效果和操作状态等。

交互设计 (User Experience Design)：继续深入低保真原型，一般企业产品经理承担这个工作。如果有专门的交互设计，他更多地会考虑用户流程、信息框架、交互细节和页面元素等。有些企业会让其做出高保真的原型，高保真原型是无限接近最终效果图的线框图，表达产品的流程、逻辑、布局、视觉效果和操作状态等。

视觉设计 (User Interface)：无论是拿到低保真还是高保真原型图，UI 设计人员不仅要美化界面，还要对原型有深入的了解，需要了解整个页面的逻辑，从全局的角度来做视觉设计。好的 UI 不仅是让产品变得个性、有品位，还要让产品操作变得舒适、简单、自由，充分体现产品的定位和特点。最终产出物是各种图片、界面标注和界面切图。

程序开发：程序员根据设计图搭建界面，根据产品提供的功能说明文档开发功能，最终产出物是可使用的应用。

测试：产品完成之后，还需要测试人员测试应用，主要分为单元测试、真机测试、功能测试、测试跟踪和出测试报告。

运营：运营人员就是需要通过各种手段提升应用的人气，同时，把用户反馈的问题提供给生产人员，然后生产人员再次发起应用的版本迭代。

## 2.1.3 Photoshop 软件

Photoshop 简称 PS，是一款功能强大的图形图像处理软件，如图 2-3 所示为 Adobe Photoshop CC 的主界面。由于第 1 章已经介绍了 Photoshop 软件的基础操作，这里不再赘述。

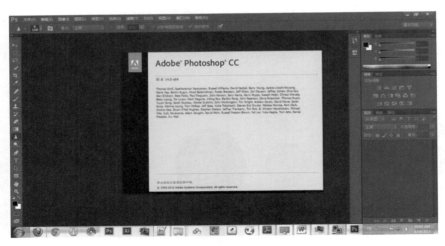

图 2-3

### 2.1.4 APP UI 设计必备技术

随着移动互联网智能化的发展，从点击时代发展到触摸时代，再到预言中的互联网智能化的第三个时代（即声音时代或者体感时代），用户体验至上理念始终贯穿着每个时代，以至于产品生产的人性化意识日趋增强，用户界面设计师便成为人才市场上十分紧俏的人才。

由于高薪吸引，其他行业人员纷纷转行做 UI 设计，直到今年网络消息报道说，UI 行业就业情况已出现下滑趋势。其实，就发展趋势来看，该行业依然是热潮时期，只不过招人单位更理性，对 UI 设计岗位人员的要求更高，更注重选拔横向发展的行业设计人才。

APP UI 设计师，一般的称谓有软件 UI 设计师/工程师、iOS APP 设计师、APP UI 设计师、移动 UI 设计师和 Web APP UI 设计师等。这些职位的要求大同小异，我们先来看前两年的要求。

(1) 掌握移动手机客户端软件及 WAP 与 Web 网站的美术创意、UI 界面设计，能把握软件的整体及视觉效果。

(2) 能准确理解产品需求和交互原型，配合工程师进行手机软件及 WAP、Web 界面优化，设计出优质用户体验的界面效果图。

(3) 熟练地掌握手机客户端软件的 UI 制作技术，能够熟练地使用各种设计软件（例如 Photoshop、Illustrator、Dreamweaver、Flash 等），还要有优秀的用户界面设计能力，对视觉设计、色彩有敏锐的观察力及分析能力。

(4) 能为产品推广和形象设计服务，关注所负责的产品设计动向，为产品提供专业的美术意见及建议。

(5) 负责公司网站的设计、改版、更新，能对公司的宣传产品进行美工设计。

(6) 能胜任其他与美术设计、多媒体设计相关的工作，能与设计团队充分沟通，推动提高团队的设计能力。

当我们看到上面这些对 APP UI 设计人员的要求时，会让我们想到对网页美工的任职要求。

其实，它们之间大体上是相同的。唯一的区别就在于 APP UI 设计针对的是移动手机客户端的界面设计，包括 iOS、Android、WP 等界面设计。这是先前对 UI 设计师的认识。

但是，UI 设计行业更新太快，优秀产品层出不穷，需求的技能不断在更新，同时，流行的设计风格也在不断变化。如果不去获取新技能，不去尝试新的设计风格、新的工具、新的创作方法，说不定哪天自己擅长的设计风格或者工具就被淘汰了。所以，作为设计师，除了要对自己的技能和个人能力进行加强外，对未来设计趋势的了解，也决定了自身的高度与发展可能。

下面来说一下当今 APP UI 设计师具体需要掌握哪些技术。

### 1. 基本软件操作和设计规范理解能力

Adobe 公司开发的部分软件是 UI 设计师必须掌握的，如 PS、AI、AE 软件。Sketch 是近几年来设计界常用的 UI 界面设计软件，非常好用，且适应现在的设计趋势，尤其适合设计师职能不细分的中小团队和个人作品的制作，线框到视觉稿可以在一个软件里完成，能节省很多时间。可以不时地关注行业内使用的一些小插件等，比如 Size Marks、sympli、Cutterman、像素大厨、标你妹等，有了这些小插件，你会发现工作效率比平时能快好几倍，如图 2-4 所示。

图 2-4

根据交互设计及产品规划，完成产品 (iPhone、Android、Web 平台 APP 及网站 ) 相关的用户界面视觉设计，熟知各手机端的基本设计规范，以 Android 和 iOS 平台为主，了解其他可视端，iWtach、iPad 等，都是 UI 设计师需要去关注并且了解的一些基本设计规范和原则，比如 Android 设计规范中的点 9 切图、适配、标注 dp 等相关内容，iOS 平台设计原则、尺寸、适配、切图。

### 2. 沟通

沟通能力是当前从事 UI 设计行业非常重要的一项技能，是软件设计开发人员和产品最终实现交互的桥梁和纽带，UI 设计师如果不具备良好的沟通和理解能力，就无法撰写出优秀的指导性原则和规范，也无法体现出自己对于开发人员和客户的双重价值，以至于无法完成本职工作。另外，出于设计师职业的特点，设计师的作品可能会经过一次又一次的修改才能够被委托人通过，因此，作品被委托人拒绝需要返工的时候，要不急、不气，保持平和的情绪，这同样不是每一个人都能做到的。

### 3. 设计审美

从用户的角度来考虑，用户觉得美，用着舒适，才是好的产品。所以 UI 设计师需要一定的审美能力。

审美不是天生的，没有人天生就有出类拔萃的审美能力。

我们需要多学、多看、多想。

### 4. 产品思维

产品思维能力可以使设计师在为正确的人打造正确的产品功能等方面具备优势，它有助于设计师从整体上理解产品的用户体验，而不仅仅是在交互和视觉的细节功能点上钻牛角尖。同时，它能确保设计师解决真正的用户问题，从而降低做无用功的风险。无论何时，我们要开始创建产品功能时，产品思维能够贡献做出正确决定的力量。

从产品角度思考，可确保设计师为正确的人设计正确的产品功能，解决用户真正的问题。它使设计师能够做出正确的决策，是打造"用户所需"的成功产品的基础。产品思维让产品管理和体验设计人员能够建立卓有成效的合作关系，携手做出更好的产品，如图 2-5 所示。

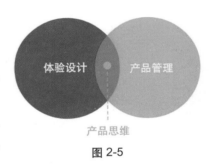

图 2-5

总结一下，技术是最基础的，UI 设计师必备的技能就是软件技能，因此，本书针对 APP UI 设计，依托 Photoshop，教大家如何成为一名合格的 APP UI 设计师。

## 2.2　APP UI 界面设计团队与流程

想要设计出优秀的 APP 界面，首先应该从设计团队入手。本节将介绍 APP 设计与产品团队的关系。

有些人认为 APP 设计是一种独立的工作，只要由设计者单独设计出来就可以了，但不能忽视的是，APP 界面同时也是属于产品团队的，如果没有产品团队的配合，最终也无法发挥界面的优势。因此，想要设计出优秀的 APP 界面，应从了解团队开始。

### 2.2.1　APP 界面设计者与产品团队

关于产品团队人员的划分，下面引用当前 UI 设计行业比较认可的一种划分方式。

产品经理：产品团队的领头人物，对用户的需求进行细致研究，针对广大用户的需求进行规划，然后将规划提交给公司高层，公司高层将会为本次项目提供人力、物力、财力等资源。产品经理常用的软件主要是 PPT、Project 和 Visio 等。

产品设计师：产品设计师主要解决功能设计方面的问题，考虑技术是否具有可行性。常用软件有 Word 和 Axure。

用户体验师：用户体验师需要了解商业层面的东西，应该从商业价值的角度出发，对产品与用户交互方面进行完善。常用软件有 Dreamweaver 等。

UI 设计师：主要是对用户界面进行美化，常用软件有 Photoshop、Illustrator 等。

以上所进行的人员划分方式，是在公司内部职责划分明确的前提下实现的，但现实中，并不是所有的公司都能明确划分职责。

## 2.2.2　APP 界面设计与项目流程

在一个手机 APP 产品团队中，通常 APP 界面的设计者在前期就应该加入团队，参与产品定位、设计风格、颜色、控件等多方面问题的讨论，如图 2-6 所示。这样做可以使设计者充分了解产品的设计风格，从而设计出成熟可用的 APP 界面。

(1) 产品定位。

产品的功能是什么？依据什么而做这样的产品？要达到什么影响？

(2) 产品风格。

产品定位直接影响产品风格。根据产品的功能、商业价值等内容，可以产生许多不同的风格。当产品是以面向人群为定位时，则产品的风格应该是清新、绚丽的；当产品是以商业价值为定位时，则产品的风格应该是稳重、大气的。

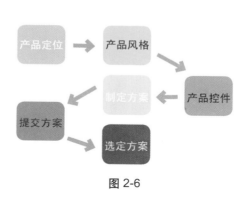

图 2-6

(3) 产品控件。

对产品界面使用下拉菜单还是下拉滑屏，用多选框还是滚动条，控件的数量应该限制在多少个比较好等方面进行研究。

(4) 制定方案。

当产品的定位、风格和控件确定后，就需要开始制定方案了。一般需要做出两套以上的方案，以便于对比选择。

(5) 提交并选定方案。

将方案提交后，邀请各方人士来进行评定，从而选出最佳方案。

(6) 美化方案。

选定方案以后，就可以根据效果图进行美化设计了。

### 2.2.3 视觉设计

当原型完成后，就可以进行视觉设计了。通过视觉的直观感觉对原型进行加工，比如可以在某些元素上进行加工，如文本、按钮的背景、高光等。

在没有想法的时候，可以多参看其他优秀的 APP 设计，为自己的设计寻找灵感。下面给出一些 APP 示例，如图 2-7 所示。

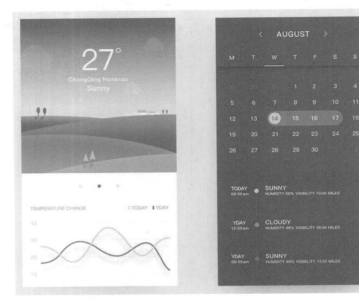

图 2-7

## 2.3 APP UI 界面设计理论

本节主要讲解关于 APP 界面的一些设计理论知识，这些设计理论知识可以帮助读者更系统地了解 APP 界面设计方面的专业知识，设计出优秀的且被大众喜欢的作品。

### 2.3.1 用户操作习惯

用户在面对移动应用时，心态有以下三大特征。

一是微任务。用户通常不会拿手机写一篇论文，也不会从头到尾看一部电影，而是随时随地进行相关活动的。

二是查看周围情况，也就是个人所处的环境。可能会打开手机，查看有什么好的饭馆、电影、打折团购等。

三是打发无聊时间。大多移动用户在无聊时会打开手机，从左到右地翻，翻到最后再把手机关掉。

针对这三种特征应该怎样去应对？下面给出三点建议。

第一，应用最好是小而准，不要大而全。越全的功能应用，只能代表着这个应用在各方面都很平庸。

第二，要满足用户的情境需求。

第三，要帮助用户去消磨时间。

### 2.3.2 界面布局

#### 1. 了解几个概念

(1) 分辨率。分辨率就是手机屏幕的像素点数，一般描述成屏幕的"宽 × 高"，安卓手机屏幕常见的分辨率有 480×800、720×1280、1080×1920 等。720×1280 表示此屏幕在宽度方向有 720 个像素，在高度方向有 1280 个像素。

(2) 屏幕大小。屏幕大小是手机对角线的物理尺寸，以英寸 (inch) 为单位。比如某某手机为"5 寸大屏手机"，就是指对角线的尺寸，5 英寸 ×2.54 厘米 / 英寸 =12.7 厘米。

(3) 密度 (dpi, dots per inch；或 PPI, pixels per inch)。英文意思就是每英寸的像素或点数，数值越高当然显示越细腻。假如我们知道一部手机的分辨率是 1080×1920( 见图 2-8)，屏幕大小是 5 英寸，你能否算出此屏幕的密度呢？哈哈，中学的勾股定理派上用场啦！通过宽 1080 和高 1920，根据勾

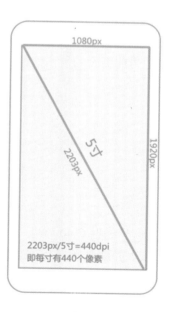

图 2-8

股定理，我们得出对角线的像素数大约是 2203，那么用 2203 除以 5 就是此屏幕的密度了，计算结果是 440。440dpi 的屏幕已经相当细腻了。

**2. iOS 系统界面**

目前 APP 手机主流的系统就是 iOS 系统和 Android 系统，我们需要对界面系统规范有一定的认识，才能深入地设计界面。

iOS UI 界面由三部分组成：栏、内容视图和临时视图。以下均是按照 iPhone 6 尺寸 750×1334 的规范来说明的。

**1) 栏**

栏分为状态栏、导航栏、标签栏和工具栏。

**(1) 状态栏 (Status Bar)。**

iOS 上的状态栏指的是最上面的 40 像素高的部分 ( 见图 2-9)。状态栏分前后两部分，要分清如下这两个概念。

● 前景部分：就是指显示电池、时间等的部分。

● 背景部分：就是显示黑色、白色或者图片的背景部分。

图 2-9

**(2) 导航栏 (Navigation Bar)。**

状态栏下方的就是导航栏 ( 见图 2-10)，一般中间会显示当前界面内容标题，左侧和右侧可以是当前页面的操作按钮，按钮可以是文字，也可以是图标。

| 控件 | 尺寸（px） | 标题文字（px） | 按钮文字（px） |
| --- | --- | --- | --- |
| 状态栏 | 88*750 | 40 | 24 |

图 2-10

**(3) 标签栏 (Tab Bar)。**

位于界面最下方 ( 见图 2-11)，全局导航，提供方便快速的切换功能。手机上的标签栏中不得超过 5 个标签，最好为 3~5 个。有选择的和未选择的两种视觉效果。

**(4) 工具栏。**

工具栏位于界面最下方，包含对当前界面进行操作的相应功能按钮 ( 见图 2-12)。工具栏和标签栏在一个视图中只能存在一个。

2）内容视图

内容视图包含应用显示的内容信息，分为表格视图、文本视图、Web 视图。

(1) 表格视图。

- 平面型表格视图 (Table View)：展示不需要辅助信息就能辨认的界面，如通信录界面。
- 辅助说明型表格视图：用户需要额外利用辅助信息来区分的界面。
- 内容强调型表格视图：展示强调当前页面的状态 ( 图 2-13)，一般左边为主标题，右边为副标题。

| 控件 | 尺寸（px） |
| --- | --- |
| 状态栏 | 98*750 |
| 图标 | 60 * 60 |

图 2-11

图 2-12

图 2-13

(2) 文本视图。

能够显示多行文本区域，若内容太多也可以滚动查看，如备忘录的输入区 ( 图 2-14)。

(3) Web 视图。

应用中嵌入 H5 页面，我们可以理解为一个容器中含有 HTML 内容。电商类应用（图 2-15）一般都会嵌入大量的 H5 页面，这样的做法是可以在服务器端快速发布更新的内容，不用等待审核的时间。

图 2-14

图 2-15

3）临时视图

临时向客户提供重要信息，或者提供额外的功能和选项。

- 弹出框。系统向用户发送通知信息的重要形式，例如，用户想进一步操作，需要先对对话框做出相应的响应，如图 2-16 所示。
- 操作列表。对于内容比较多、层次比较复杂的页面来说，可能需要通过功能区划分种类。例如，筛选分类，不同方式的排序，如图 2-17 所示。

图 2-16

图 2-17

### 3. Android 系统界面

Android 系统界面有自己的一套独特的设计规范，与 iOS 有很大的差距。

通过对导航、界面布局和操作方式等跟 iOS 系统比较来分析，这样会更容易理解。

（1）硬件特性。

iOS 只有一个实体键，即 Home 键，这个键的主要功能：按一次，回到桌面。双击，出现多任务界面。在 iOS 8 里面轻触两下 Home 键，可调出单手模式。

Android 有四个实体键（现在很多被屏幕上的虚拟键代替，但功效是一样的），分别是 Back 键、Home 键、Menu 键和搜索键。4.4 版本及以上版本是 Back 键、Home 键、多任务键。Android 原先是这样，经过优化的 Android 就不一定了，比如魅族的 Smart Bar，会根据当前页面情境变化。

Android 的 Back 键，在大部分情况下与页面上的返回功效一样。不过，Android 的 Back 键可以在应用间切换，还可以返回主屏幕。这个 iOS 里面的键不能在应用间直接切换。

（2）结构差异。

Android 的实体返回键导致两个平台设计的结构差异：

- iOS 系统从上到下为状态栏、导航栏、内容视图和标签栏。
- Android 系统从上到下为状态栏、导航栏、内容视图。
- iOS 系统在应用底部放了标签栏，而 Android 系统则把标签栏的内容放在顶部的 Action 中。

不过，现在大多数应用都直接采用了 iOS 系统的方式，把标签栏放在底部。

（3）多任务。

在 iOS 系统中双击 Home 键时，大多数程序在转移到后台时，会被挂起。被挂起的程序会展示在多任务选择器中，帮助用户快速找到近期使用的程序。左右滑动可查看更多其他任务，向上滑动可删除当前选中的任务。

Android 系统的多任务界面提供了一个另外的展现方式，长按任务能查看应用程序的详细信息，如图 2-18 所示。

图 2-18

(4) 单条 item。

iOS 系统中对单条 item 的操作有两种，点击和滑动。点击一般进入一个新的页面，滑动会出现对这条 item 的一些常用操作，如微信里滑动一条对话，会出现标记未读和删除操作。

在 Android 系统中，单条 item 的操作也有两种，点击和长按。点击一般进入一个新的页面；长按进入一个编辑模式，可以在里面进行批量操作和其他操作，比如删除、置顶等。

(5) 复制粘贴。

iOS 系统的应用程序在文本视图、Web 视图和图片视图里可调出编辑菜单，菜单出现在需要进行处理的内容附近，与内容产生关联。

Android 系统的应用程序可以在文本框及其他文本视图中长按选择任何文字，这个操作直接触发一个文本选择模式。

(6) 选择。

iOS 系统选择操作时单击触发滚轮盘，通过上下滑动来选择数据。

Android 系统的选择操作以弹出浮层为主。

(7) 消息推送。

iOS 系统的推送 (Apple Push Notification Service，APNS) 依托于一个或者多个系统常驻进程运作，是全局的，所以可以看作是独立于应用之外的，而且是设备与苹果服务器之间的通信，并不是应用提供商的服务器。

Android 系统的推送类似于传统桌面电脑系统。每个需要后台推送的应用都有各自的后台进程，才能与各自的服务器通信。Android 系统也有类似 APNS 的 GCM 推送，可供开发者选择。

### 2.3.3 操作简单

由于用户更多的是需要微任务，同时还要打发无聊时间，所以要尽量让 APP 变得简单。但设计更简单的体验，往往意味着要追求更极端的目标。因为需要充分理解用户的需求，理解其现在想要什么，理解其现在的心态是什么，理解其情绪是什么。

#### 1. 隐藏或删除

不太重要，但是又是必要的东西，可以把它隐藏起来；无关紧要的东西，能删掉就删掉，不要把什么东西都塞给用户。比如邮件应用中，已发邮件、草稿、已删除这些功能，对一般用户来说，在最常用的场景里面，这些是不重要的，但是不可能去掉，就可以隐藏在下面。而签名、外出自动回复等功能是更不常用的，可以藏得更深。再比如 Path 这个软件把五个常用的按钮，集成到"+"里。点击"+"以后，有拍照、音乐等功能。而界面上，打开这个应用，最直观的就是主要的信息，没有其他的干扰。比如先前有多少人看过图片，它把这个信息直接集成在图片右上角，没有占据太多地方，点击之后，可以发表情、评论，或直接删除等，做到了隐藏，因此是个非常干净、漂亮的页面。

### 2. 区分内容或功能

以"同城旅行"为例，酒店图片、服务设施、价格等是最主要的内容，可以放在首要位置；点评放在其次；然后是交通状况、周边设施等，有一个明确的分区。用户一旦知道了这种分区方式，下次再点开这个应用时，想看哪个，他的眼睛就会直接落在哪儿。用户其实希望看到的是开发者直接给他们一个非常简单、不用去记、不用去选择的东西。

## 2.3.4  在操作方式上创新

比如，用户现在在某个位置，想知道附近有什么好吃的。一种方式是定位了以后，直接把附近所有的东西显示出来；还有一种方式是用手在屏幕上画出一个区域，它会记录下轨迹，并只显示该区域内的商户。这种方式特别直观，而且用户想怎么样就怎么样，想画一个五角星就画一个五角星，想画一条线也可以，它只给出你所画地方的那些内容，这就是一种创新。

## 2.3.5  在设计中投入情感

什么样的设计师、什么样的团队才算优秀？优秀的标准之一就是设计者要对设计的应用投入感情，这会给产品带来一些好玩的、让用户觉得有意思的地方。比如订机票的应用中，有头等舱和经济舱两个选项。经济舱是一个普通人的形象，而头等舱是一个戴着帽子、系着领结、胸前别着手帕的人，很酷的老板形象，体现出了头等舱和经济舱之间的区别。要坐头等舱的人，一般都愿意看到自己是这样的形象。

## 2.3.6  APP UI 的配色理论

### 1. 如何配色

在设计中，色彩一直是讨论的永恒话题。在一个作品中，视觉冲击力要占很大的比例，至少占70%。关于色彩构成和基本原理的书籍有很多，讲得也很详细，此处不再赘述。在这里，主要讲解如何制作配色色卡。

对于初学设计的人来说，经常为使用什么样的颜色而烦恼。他们做的画面要不就是颜色用得太多，显得太过花哨和俗气；要不就是只用同一个色相，使画面显得既单调又没有活力。乱用色和不敢用色成为初学者的一个通病。我们大可不必纠结这个问题，可以观察真实世界中的配色，多看看大自然的美丽景致，然后归纳总结出一套自己的配色色卡，以供日后所用。

大自然的美是千变万化的，这就要求设计师必须拥有一颗捕捉美的心。就拿天空来举例，要是有人问你天空是什么颜色的，很多人都会回答"蓝色"，可是如果你仔细观察就会发现，天空的颜色是千变万化、色彩斑斓的。艺术来源于生活又高于生活，所以设计师要经常总结，因为设计是一个"理解——分解——再构成"的艺术。

大自然是丰富多彩的，很多人造物在自然光线下也会呈现出特别和谐的色彩搭配。比如蔚蓝的大海、红色的瓷器、黄色的花朵等，在自然光的照射下，它们都会表现出丰富的色彩细节。如图 2-19 和图 2-20 所示为大自然的色彩与色系。

图 2-19

图 2-20

## 2. 配色实战

不管在哪个平台上，画面一般都是由主色调、辅色调、点睛色和背景色四部分构成的，其中，主色调在画面中的作用是不可取代的。有时候，色卡可以很方便地帮你找到哪一类的画面需要什么样的主色调。但是我们也要多积累一些经验，活学活用。这样，不仅可以自己增加和减少色块比重来调整整个画面，还可以为了达到增加颜色细节的目的使用两张相似的色卡。接下来，我们来看一些配色卡和画面实例的色调，如图 2-21 所示。

图 2-21

蓝色和白色调和，是看起来很权威、很官方的配色。需要注意的是，这个蓝色不是科技蓝。

彩虹糖果色和黑色调和，是一种梦幻活泼的鲜艳配色。一般情况下，比较亮的彩虹色显得很粉很飘，在加入大面积协调色调后，画面就显得很美，如图 2-22 所示。

图 2-22

　　橙色和蓝色对比得和谐统一，不仅显得有活力，而且感觉很有时间感。因为橙色和蓝色是互补色，要是使用得不好，就会显得很俗气。如图 2-23 所示的这些作品，有些在橙色里加了米色，有些则在蓝色里加了深蓝，用来拉开色相上的冲突，整体效果都非常好。

图 2-23

　　绿色和白色调和后是一种自然、优雅的清新配色。图 2-24 中的这两幅作品都运用了白色和绿色，左图中的作品通过渐变来制造柔和、轻松的气氛，还有光线照射下来，而右图中作品里的绿叶元素以及灰色菜单的亮点都让其显得典雅清新。

　　红色和黑色调和后形成一种金属冷色＋热烈的红色的对比配色。图 2-25 中的作品首先运用黑、白、灰的金属色调来体现出科技感，然后又用热烈、奔放的红色来体现出音乐手机的产品定义。

图 2-24

图 2-25

## 2.4　APP UI 界面设计技巧

本节介绍关于 APP 界面的设计技巧，可以使读者充分了解 APP UI 的设计流程、图标的设计流程以及如何将图标设计得更具吸引力。

### 2.4.1　完整的 APP UI 设计流程

随着人类社会逐步向非物质社会迈进，互联网信息产业已经走入人们的生活。在这样一个社会中，手机软件这样的非物质产品再也不像过去那样仅仅靠技术就能立于不败之地。工业设计开始关注非物质产品，但是国内依然普遍存在这样一个称呼"美工"。这种旧式的称呼倒无关紧要，关键在于企业和个人都要清楚这个职位的重要作用，如果还以老眼光来对待这份工作，就会产生很多消极的因素，一方面在于称呼职员为美工的企业没有意识到界面与交互设计能给他们带来巨大的经济效益；另一方面在于被称为美工的人不知道自己应该做什么，以为自己的工作就是每天给界面和网站勾边描图，如图 2-26 所示。

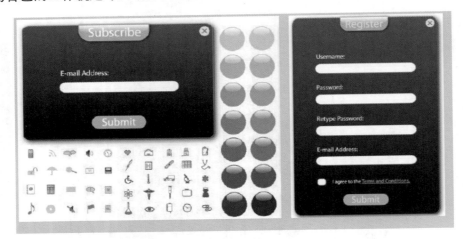

图 2-26

在这里为大家介绍一套比较科学的设计流程，以说明 APP UI 界面设计是属于工业设计范畴的。它是一个科学的设计过程，是理性的商业运作模式，而不是单纯的美术描边。

UI 是 User Interface 的简称，即用户界面，它包括交互设计、用户研究和界面设计三个部分。这里主要讲述用户研究与界面设计的过程。

通用消费类软件的界面设计大体可分为以下 5 个阶段。

(1) 需求阶段。

(2) 分析设计阶段。

(3) 调研验证阶段。

(4) 方案改进阶段。

(5) 用户验证反馈阶段。

**1. 需求阶段**

软件产品依然属于工业产品的范畴，依然离不开 3W(Who、Where、Why) 的考虑，也就是使用者、使用环境、使用方式的需求分析。所以在设计一个软件产品之前，我们应该明确给什么人用（用户的年龄、性别、爱好、收入、教育程度等）、什么地方用（在办公室 / 家庭 / 厂房车间 / 公共场所）以及如何用（鼠标 / 键盘 / 遥控器 / 触摸屏）。改变上面的任何一个元素，结果都会有相应的改变。

除此之外，在需求阶段同类竞争产品也是必须了解的。同类产品比我们提前问世，我们要比它做得更好才有存在的价值。所以单纯地从界面美学考虑说哪个好、哪个不好是没有一个很客观的评价标准的。只能说哪个更合适，更适于最终用户的就是最好的。如何判定是否适于用户呢？后面通过用户调研来解答这个问题。

### 2. 分析设计阶段

通过分析上面的需求，下面进入设计阶段，也就是方案形成阶段，一般需要设计出几套不同风格的界面用于备选。首先应该制作一个体现用户定位的词语坐标，例如为 25 岁左右的白领男性制作家居娱乐软件，对于这类用户分析得到的词汇有品质、精美、高档、高雅、男性、时尚、cool、个性、亲和、放松等。分析这些词汇的时候就会发现，有些词是必须体现的，例如品质、精美、高档、时尚；但有些词是相互矛盾的，必须放弃一些，例如亲和、放松、cool、个性等。所以可以画出一个坐标，上面是必须用的品质、精美、高档、时尚；左边是贴近用户心理的亲和、放松、人性化，右边是体现用户外在形象的 cool、个性、工业化，然后开始搜集相应的图片，放在坐标的不同点上。这样根据不同坐标点的风格，我们将会设计出数套不同风格的界面。

### 3. 调研验证阶段

几套备选方案的风格必须保证在同等的设计制作水平上，不能明显看出差异，这样才能得到用户客观的反馈。

测试阶段开始前，我们应该对测试的具体细节进行清楚的分析描述，如下所述。

数据收集方式：厅堂测试 / 模拟家居 / 办公室。

测试时间：某年某月某日。

测试区域：北京、广州、天津。

测试对象：某消费软件界定市场用户。

主要特征：对计算机的硬件配置以及相关的性能指标比较了解，计算机应用水平较高；计算机使用经历一年以上；家庭购买计算机时品牌和机型的主要决策者；年龄为多少岁；被访者的文化程度；个人月收入或家庭月收入。

样品：五套软件界面。

样本量：X 个，实际完成 X 个。

调研阶段需要从以下几个问题出发。

用户对各套方案的第一印象。

用户对各套方案的综合印象。

用户对各套方案的单独评价。

选出最喜欢的。

选出其次喜欢的。

对各方案的色彩、文字、图形等分别打分。

结论出来以后，请所有用户说出最受欢迎方案的优缺点。

所有这些都需要用图形表达出来，直观科学，如图 2-27 所示。

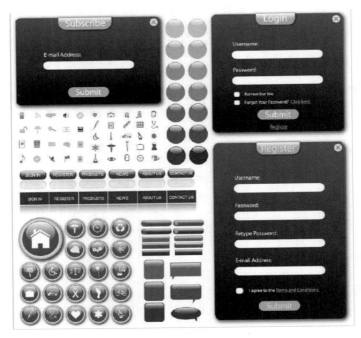

图 2-27

### 4. 方案改进阶段

经过用户调研，可以得到目标用户最喜欢的方案，而且可以了解到用户为什么喜欢，还有什么缺陷等，这样就可以进行下一步修改了。这时候，可以把精力投入到选中的方案上（这里指不能换皮肤的应用软件或游戏的界面），将该方案做到细致、精美。

### 5. 用户验证反馈阶段

我们可以将改正以后的方案推向市场，但是设计并没有结束，还需要用户反馈。好的设计师应该在产品上市以后去站柜台，零距离接触最终用户，看看用户真正使用时的感想，为以后升级版本积累资料。

经过上面设计过程的描述，大家可以清楚地发现，界面 UI 设计类似于一个非常科学的推导公式，包含设计师对艺术的理解感悟，但绝对不仅仅是表现设计师个人的绘画水平。所以我们一再强调，这个工作过程是设计过程，UI 界面设计不只是美工。

### 2.4.2　图标设计的流程

　　俗话说流程是死的，人是活的，这里介绍的是图标的通用设计流程，大家不用拘泥于这里讲的流程，要灵活掌握，如图 2-28 所示。

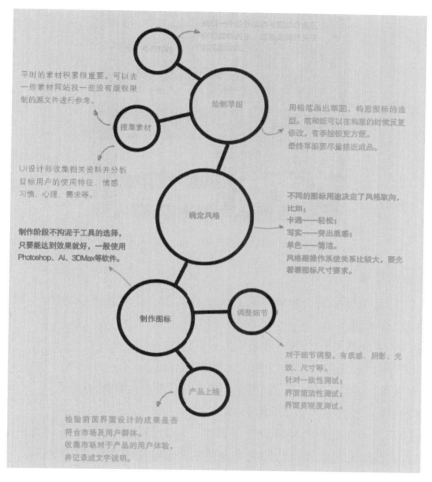

**图 2-28**

### 2.4.3　让图标更具吸引力

　　设计图标的目的在于能够一下子抓住人的眼球，那么该怎样设计才能让图标更具吸引力呢？在这里讲述两点：同一组图标风格的一致性、合适的原创隐喻。

#### 1. 同一组图标风格的一致性

　　几个图标之所以能成为一组，就是因为该组图标的风格具有一致性。一致性可以通过下面这些方面表现出来：配色、透视、尺寸、绘制技巧，或者类似几个这样属性的组合。如果一组中只有少量图标，设计师可以很容易地记住这些规则。如果一组里有很多图标，而且由几个设计师同时工作（例如，一个操作系统的图标），那么，就需要制订设计规范。这些规范细致地描述了怎样绘制图标能够让其很好地融入整个图标组，如图 2-29 所示。

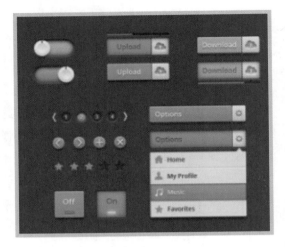

图 2-29

### 2. 合适的原创隐喻

绘制一个图标意味着描绘一个物体最具代表性的特点，这样可以说明这个图标的功能，或者阐述这个图标的概念。

一般来说，多边形铅笔有以下三种绘图方式。

(1) 多边形柱体，表面涂有一层反光漆，没有橡皮擦。

(2) 多边形柱体，笔身上有一个白色的金属圈固定着一个橡皮头。

(3) 多边形柱体，没有木纹效果和橡皮擦。

在这里选择第二种图标作为图标设计的原型，因为该原型具备所有必要的元素，这样的图标设计出来具有很高的可识别性，即具有合适的原创隐喻，如图 2-30 所示。

图 2-30

# 第3章

## APP 中的光影设计

本章收录了四个界面和图标的设计实践练习，包含图形绘制、图层样式技巧等操作。通过这些练习，可以使读者更加深刻地认识到光与影在设计中起到的重要作用。

## 关键知识点：

矢量工具的应用

透视感和玻璃质感

图层样式

光与影

## 3.1 玻璃质感图标设计

玻璃质感被广泛应用于设计中，可以说是设计师的宠儿。这不仅因为玻璃看上去玲珑剔透、透明质感非常好，还因为玻璃的反光会轻松营造出清新、唯美的感觉。

### 3.1.1 设计构思

本案例制作具有玻璃质感的界面。首先利用绿色作为背景，为圆角矩形添加图层样式表现出玻璃的质感，再加上反光的设计，使玻璃质感更加突出，最后绘制 APP 图标，完成本例的制作。

### 3.1.2 操作步骤

(1) 新建文档。执行"文件"→"新建"命令，在弹出的"新建文档"窗口中，选择新建一个 800×800 像素的文档，如图 3-1 所示。

(2) 设置颜色。在工具栏中把前景颜色设置为深绿色 (#1e7214)，把背景颜色设置为绿色 (#46a33b)，如图 3-2 所示。

图 3-1

图 3-2

(3) 填充渐变。单击工具栏中的"渐变工具"，打开渐变编辑器，在背景图层中填充渐变色，如图 3-3 和图 3-4 所示。

(4) 绘制圆角矩形。新建图层，单击工具栏中的"圆角矩形工具"按钮，在选项栏中选择工具的模式为"形状"，绘制圆角矩形，如图 3-5 和图 3-6 所示。

(5) 添加斜面和浮雕。执行"添加图层样式"→"斜面和浮雕"命令，打开"图层样式"面板。选择"斜面和浮雕"选项，设置参数，添加斜面和浮雕效果，如图 3-7 和图 3-8 所示。

(6) 添加描边。在打开的"图层样式"界面中选择"描边"选项，设置参数，添加描边效果，如图 3-9 和图 3-10 所示。

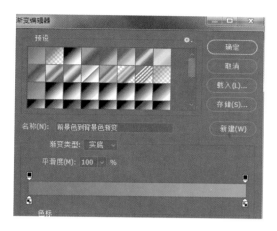

图 3-3

图 3-4

图 3-5

图 3-6

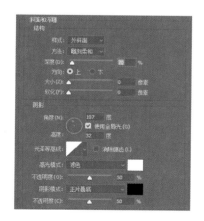

图 3-7

图 3-8

图 3-9                                     图 3-10

(7) 添加内阴影。在打开的"图层样式"界面中选择"内阴影"选项，设置参数，添加内阴影效果，如图 3-11 和图 3-12 所示。

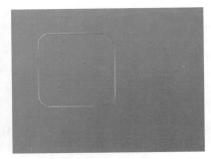

图 3-11                                     图 3-12

(8) 添加内发光。在打开的"图层样式"界面中选择"内发光"选项，设置参数，添加内发光效果，如图 3-13 和图 3-14 所示。

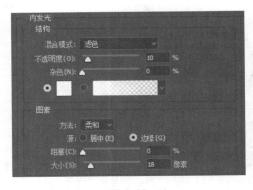

图 3-13                                     图 3-14

(9) 添加投影。在打开的"图层样式"界面中选择"投影"选项，设置参数，添加投影效果，如图 3-15 和图 3-16 所示。

**图 3-15**          **图 3-16**

（10）绘制圆角矩形。新建图层，单击工具栏中的"圆角矩形工具"按钮，在选项栏中选择工具的模式为"形状"，绘制圆角矩形，如图 3-17 和图 3-18 所示。

**图 3-17**          **图 3-18**

（11）不透明度。修改图层的不透明度为 18%、填充为 38%，如图 3-19 所示。

（12）改变描点。单击工具栏中的"转换点工具"，转化为常规路径，如图 3-20 所示。

**图 3-19**          **图 3-20**

（13）添加渐变叠加。执行"添加图层样式"→"渐变叠加"命令，打开"图层样式"面板。选择"渐变叠加"选项，设置参数，添加渐变叠加效果，如图 3-21 和图 3-22 所示。

图 3-21

图 3-22

（14）绘制形状。单击工具栏中的"钢笔工具"按钮，在选项栏中选择工具的模式为"形状"，绘制叶子形状，如图3-23所示。

（15）设置不透明度。修改图层的不透明度为61%，如图3-24和图3-25所示。

（16）添加颜色叠加。执行"添加图层样式"→"颜色叠加"命令，打开"图层样式"面板。选择"颜色叠加"选项，设置参数，添加颜色叠加效果，如图3-26和图3-27所示。

图 3-23

图 3-24

图 3-25

图 3-26

图 3-27

(17) 绘制另一片叶子。用同样的方法绘制另一片叶子，调整好大小和位置，如图 3-28 和图 3-29 所示。

图 3-28

图 3-29

(18) 绘制椭圆。新建图层，单击工具栏中的"椭圆工具"按钮，在选项栏中选择工具的模式为"形状"，绘制椭圆，如图 3-30 和图 3-31 所示。

图 3-30

图 3-31

(19) 添加斜面和浮雕。执行"添加图层样式"→"斜面和浮雕"命令，打开"图层样式"面板，选择"斜面和浮雕"选项，设置参数，添加斜面和浮雕效果，如图 3-32 和图 3-33 所示。

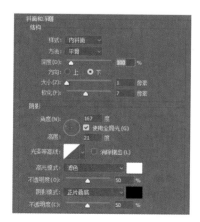

图 3-32

图 3-33

(20) 添加描边。在打开的"图层样式"界面中选择"描边"选项,设置参数,添加描边效果,如图 3-34 和图 3-35 所示。

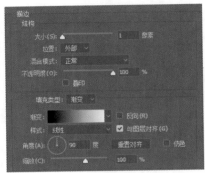

图 3-34

图 3-35

(21) 添加渐变叠加。在打开的"图层样式"界面中选择"渐变叠加"选项,设置参数,添加渐变叠加效果,如图 3-36 和图 3-37 所示。

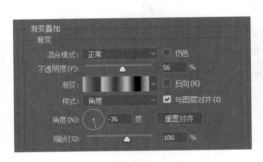

图 3-36

图 3-37

(22) 添加投影。在打开的"图层样式"界面中选择"投影"选项,设置参数,添加投影效果,如图 3-38 和图 3-39 所示。

图 3-38

图 3-39

(23) 绘制椭圆。新建图层,单击工具栏中的"椭圆工具"按钮,在选项栏中选择工具的模式为"形状",绘制椭圆,如图 3-40 和图 3-41 所示。

**图 3-40**                 **图 3-41**

（24）添加斜面和浮雕。执行"添加图层样式"→"斜面和浮雕"命令，打开"图层样式"面板。选择"斜面和浮雕"选项，设置参数，添加斜面和浮雕效果，如图 3-42 和图 3-43 所示。

**图 3-42**                 **图 3-43**

（25）添加描边。在打开的"图层样式"界面中选择"描边"选项，设置参数，添加描边效果，如图 3-44 和图 3-45 所示。

**图 3-44**                 **图 3-45**

（26）添加渐变叠加。在打开的"图层样式"界面中选择"渐变叠加"选项，设置参数，添加渐变叠加效果，如图 3-46 和图 3-47 所示。

（27）添加投影。在打开的"图层样式"界面中选择"投影"选项，设置参数，添加投影效果，如图 3-48 和图 3-49 所示。

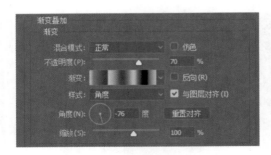

**图 3-46**

**图 3-47**

**图 3-48**

**图 3-49**

(28) 绘制其他图标。用同样的方法绘制其他图标，以完成本例的制作，如图 3-50 所示。

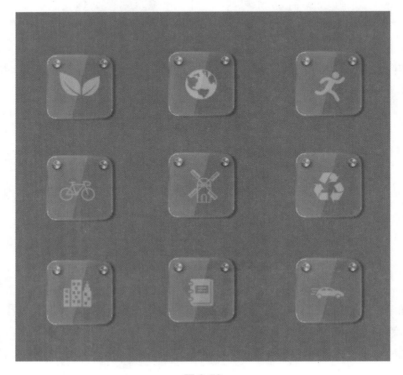

**图 3-50**

## 3.2 牛仔裤质感设计

牛仔裤的材质特点是布料厚实、质感粗犷,设计中使用牛仔裤纹理布料会使怀旧意味更加强烈。牛仔裤由于料子具有韧性与柔软度,再经过车床的打磨与日后的穿着,会呈现大理石般的纹路,这些都是设计要点。

### 3.2.1 设计构思

本案例制作具有牛仔裤纹理的图标。首先制作牛仔裤的纹理,再绘制纽扣,使表现效果更加真实,然后添加上皮革贴画,绘制图标,应用到 APP 的设计中,完成本例的制作。

### 3.2.2 操作步骤

**01** 新建文档。执行"文件"→"新建"命令,在弹出的"新建文档"窗口中,选择新建一个 600×800 像素的文档,如图 3-51 所示。

**02** 设置颜色。在工具栏把前景颜色设置为蓝色 (#5f7ebe),把背景颜色设置为深蓝色 (#1a2455),如图 3-52 所示。

图 3-51

图 3-52

**03** 添加云彩。执行"滤镜"→"渲染"→"云彩"命令,设置的颜色恰好是牛仔布部分需要的颜色,如图 3-53 所示。

**04** 设置半调图案。执行"滤镜"→"滤镜库"→"素描"→"半调图案"命令,图案类型选择"网点", 这一步大致做出针织的线条效果,如图 3-54 和图 3-55 所示。

**05** 纹理化。执行"滤镜"→"滤镜库"→"纹理"→"纹理化"命令,设置参数,如图 3-56 和图 3-57 所示。

**06** 复制图层。按 Ctrl + J 组合键,复制做好的纹理图层,得到"背景 拷贝"图层,如图 3-58 所示。

图 3-53

图 3-54

图 3-55

图 3-56

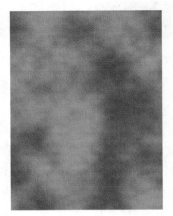

图 3-57

图 3-58

07 应用绘图笔。执行"滤镜"→"滤镜库"→"素描"→"绘图笔"命令，设置参数，如图 3-59 和图 3-60 所示。

图 3-59　　　　　　　　　　　　　　　　　图 3-60

08 添加浮雕效果。执行"滤镜"→"风格化"→"浮雕效果"命令，设置参数，创建浮雕效果，如图 3-61 和图 3-62 所示。

图 3-61　　　　　　　　　　　　　　　　图 3-62

09 设置图层样式。选择浮雕图层，将图层模式设置为"叠加"，如图 3-63 和图 3-64 所示。

10 盖印图层。按 Ctrl + Shift + Alt + E 组合键，盖印图层，得到"图层 1"，将其他图层隐藏，如图 3-65 所示。

11 新建图层。设置前景色为 #363636，新建图层，按 Alt + Delete 组合键为图层填充前景色，如图 3-66 和图 3-67 所示。

12 颜色叠加。执行"添加图层样式"→"颜色叠加"命令，打开"图层样式"面板。选择"颜色叠加"选项，设置参数，添加颜色叠加效果，如图 3-68、3-69 所示。

图 3-63

图 3-64

图 3-65

图 3-66

图 3-67

图 3-68

图 3-69

13 裁剪。单击工具栏中的"矩形选框工具",在盖印图层上选取矩形。按 Ctrl +
Shift + I 组合键反选矩形选框,按 Delete 键删除选区内容,如图 3-70 和图 3-71 所示。

14 添加外发光。执行"添加图层样式"→"外发光"命令,打开"图层样式"面板。
选择"外发光"选项,设置参数,添加外发光效果,如图 3-72 和图 3-73 所示。

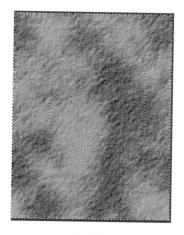

图 3-70

图 3-71

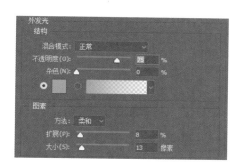

图 3-72

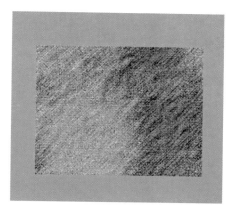

图 3-73

15 绘制椭圆。新建图层，单击工具栏中的"椭圆工具"按钮，在选项栏中选择工具的模式为"形状"，绘制椭圆，如图 3-74 和图 3-75 所示。

图 3-74

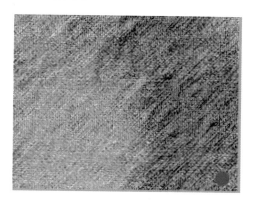

图 3-75

16 添加描边。执行"添加图层样式"→"描边"命令，打开"图层样式"面板。选择"描边"选项，设置参数，添加描边效果，如图 3-76 和图 3-77 所示。

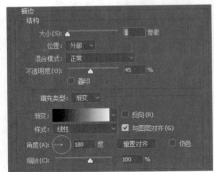

图 3-76 图 3-77

17 添加渐变叠加。在打开的"图层样式"界面中选择"渐变叠加"选项，设置参数，添加渐变叠加效果，如图 3-78 和图 3-79 所示。

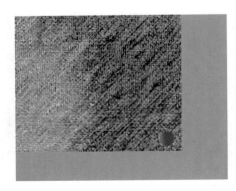

图 3-78 图 3-79

18 添加投影。在打开的"图层样式"界面中选择"投影"选项，设置参数，添加投影效果，如图 3-80 和图 3-81 所示。

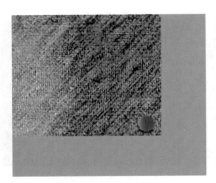

图 3-80 图 3-81

19　绘制矩形。新建图层，单击工具栏中的"矩形工具"按钮，在选项栏中选择工具的模式为"形状"，绘制矩形，如图 3-82 和图 3-83 所示。

图 3-82　　　　　　　　　　　　　　图 3-83

20　改变描点。单击工具栏中的"转换点工具"按钮，转化为常规路径，如图 3-84 和图 3-85 所示。

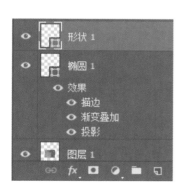

图 3-84　　　　　　　　　　　　　　图 3-85

21　添加描边。执行"添加图层样式"→"描边"命令，打开"图层样式"面板。选择"描边"选项，设置参数，添加描边效果，如图 3-86 和图 3-87 所示。

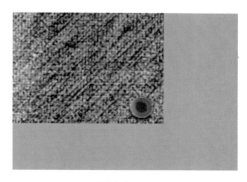

图 3-86　　　　　　　　　　　　　　图 3-87

22 添加内阴影。在打开的"图层样式"界面中选择"内阴影"选项，设置参数，添加内阴影效果，如图 3-88 和图 3-89 所示。

图 3-88

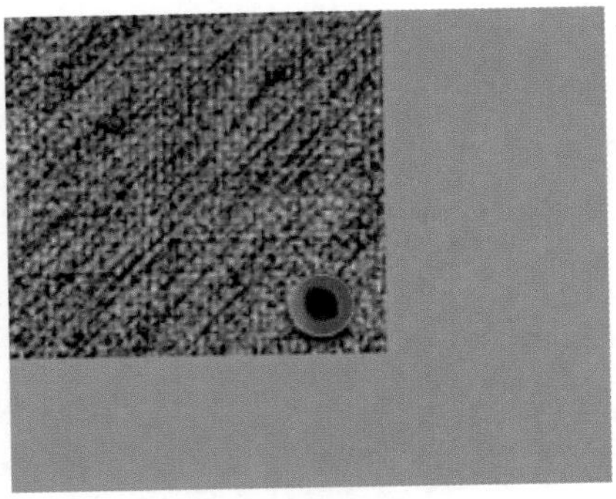

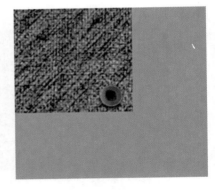

图 3-89

23 添加渐变叠加。在打开的"图层样式"界面中选择"渐变叠加"选项，设置参数，添加渐变叠加效果，如图 3-90 和图 3-91 所示。

图 3-90

图 3-91

24 添加文字。单击工具栏中的"横排文字工具"按钮，输入文字，如图 3-92 和图 3-93 所示。

图 3-92

图 3-93

25　栅格化文字。右击文字图层，执行"栅格化图层"命令，将图层栅格化，如图 3-94 和图 3-95 所示。

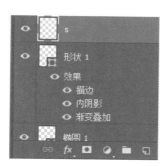

图 3-94　　　　　　　　　　　　　　图 3-95

26　颜色叠加。执行"添加图层样式"→"颜色叠加"命令，打开"图层样式"面板。选择"颜色叠加"选项，设置参数，添加颜色叠加效果，如图 3-96 和图 3-97 所示。

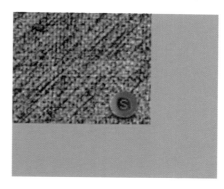

图 3-96　　　　　　　　　　　　　　图 3-97

27　添加渐变叠加。在打开的"图层样式"界面中选择"渐变叠加"选项，设置参数，添加渐变叠加效果，如图 3-98 和图 3-99 所示。

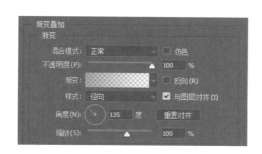

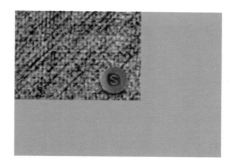

图 3-98　　　　　　　　　　　　　　图 3-99

28　设置颜色。在工具栏把前景颜色设置为浅黄色 (#e59153)，把背景颜色设置为黄色

(#1a2455)，如图 3-100 所示。

**图 3-100**

29 添加云彩。新建图层，单击"矩形选框工具"按钮，画出选区，执行"滤镜"→"渲染"→"云彩"命令，如图 3-101 和图 3-102 所示。

**图 3-101**

**图 3-102**

30 添加染色玻璃。执行"滤镜"→"滤镜库"→"纹理"→"染色玻璃"命令，设置参数，如图 3-103 和图 3-104 所示。

**图 3-103**

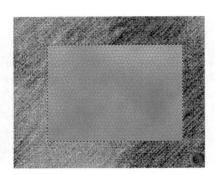

**图 3-104**

31 添加海洋波纹。执行"滤镜"→"滤镜库"→"扭曲"→"海洋波纹"命令，设置参数，如图 3-105 和图 3-106 所示。

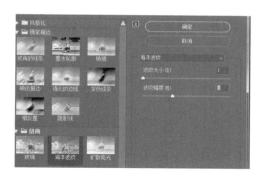

图 3-105

图 3-106

32　渐变叠加。执行"添加图层样式"→"渐变叠加"命令，打开"图层样式"面板。选择"渐变叠加"选项，设置参数，添加渐变叠加效果，如图 3-107 和图 3-108 所示。

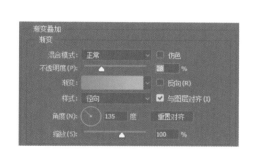

图 3-107

图 3-108

33　添加投影。在打开的"图层样式"对话框中选择"投影"选项，设置参数，添加投影效果，如图 3-109 和图 3-110 所示。

图 3-109

图 3-110

34　设置色彩范围。执行"选择"→"色彩范围"命令，单击深色部位，设置相应的参数，单击"确定"按钮关闭窗口，如图 3-111 所示。

35 复制图层。保持选区状态，按 Ctrl + J 组合键复制图层，如图 3-112 和图 3-113 所示。

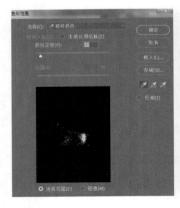  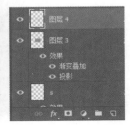

图 3-111　　　　　　　　　　图 3-112　　　　　　　　　　图 3-113

36 添加斜面和浮雕。执行"添加图层样式"→"斜面和浮雕"命令，打开"图层样式"面板。选择"斜面和浮雕"选项，设置参数，添加斜面和浮雕效果，如图 3-114 和图 3-115 所示。

图 3-114　　　　　　　　　　　　　　图 3-115

37 添加投影。在打开的"图层样式"界面中选择"投影"选项，设置参数，添加投影效果，如图 3-116 和图 3-117 所示。

图 3-116　　　　　　　　　　　　　　图 3-117

38 绘制形状。单击工具栏中的"钢笔工具"按钮，在选项栏中选择工具的模式为"形状"，绘制形状，如图 3-118 和图 3-119 所示。

图 3-118

39 添加斜面和浮雕。执行"添加图层样式"→"斜面和浮雕"命令，打开"图层样式"面板。选择"斜面和浮雕"选项，设置参数，添加斜面和浮雕效果，如图 3-120 和图 3-121 所示。

40 添加描边。在打开的"图层样式"对话框中选择"描边"选项，设置参数，添加描边效果，如图 3-122 和图 3-123 所示。

41 添加投影。在打开的"图层样式"界面中选择"投影"选项，设置参数，添加投影效果，如图 3-124 和图 3-125 所示。

图 3-119

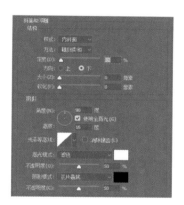

图 3-120

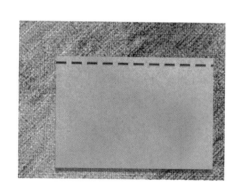

图 3-121

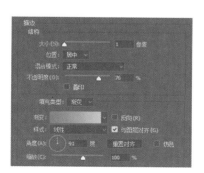

图 3-122

图 3-123

图 3-124

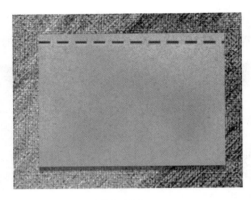

图 3-125

42 绘制更多效果。用相同的方法，绘制另一条线条，如图 3-126 和图 3-127 所示。

图 3-126

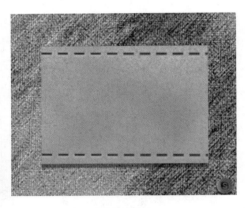

图 3-127

43 绘制形状。单击工具栏中的"钢笔工具"按钮，在选项栏中选择工具的模式为"形状"，绘制形状，如图 3-128 和图 3-129 所示。

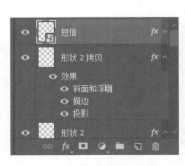

图 3-128

图 3-129

44 添加光泽。执行"添加图层样式"→"光泽"命令，打开"图层样式"面板。选择"光泽"选项,设置参数,添加光泽效果,如图 3-130 和图 3-131 所示。

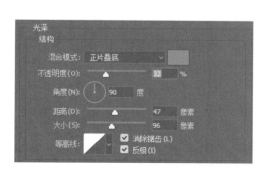

图 3-130                            图 3-131

45 添加投影。在打开的"图层样式"界面中选择"投影"选项,设置参数,添加投影效果,如图 3-132 和图 3-133 所示。

图 3-132                            图 3-133

46 设置图层样式。将图层样式设置为"划分",完成本案例的制作,如图 3-134 和图 3-135 所示。

图 3-134                            图 3-135

## 3.3 木纹质感设计

无论是现代网站设计还是复古网站设计，木纹元素的使用总是随处可见。不管是打印产品、界面设计还是总体布局，木纹总是能增强视觉效果和冲击力。

### 3.3.1 设计构思

本例制作的木纹质感。首先利用滤镜渲染绘制木纹背景质感，然后叠加木纹质感图案，再添加图层样式与字体，形成一个略带三维效果的设计，展现出非常强的木质感。

### 3.3.2 操作步骤

01 新建文件。执行"文件"→"新建"命令，在弹出的"新建"对话框中，创建 500×400px、背景色为白色的空白文档，命名为"木纹质感1"，完成后单击"创建"按钮，然后单击背景的锁头图标■，解锁图层，如图 3-136 和图 3-137 所示。

图 3-136                图 3-137

02 设置颜色。单击■中的白色图标，设置前景色为 #e19051，单击■中的黑色图标，设置背景色为 #b1612e，如图 3-138 和图 3-139 所示。

03 添加渲染。执行"滤镜"→"渲染"→"纤维"命令，设置差异为 20、强度 10，单击"确定"按钮，如图 3-140 和图 3-141 所示。

04 添加扭曲。选择工具栏中的矩形选框工具，框选绘图区域，执行"滤镜"→"扭曲"→"旋转扭曲"，设置参数，单击"确认"按钮，完成操作，按 Ctrl+D 组合键，取消矩形选框，重复制作扭曲效果，如图 3-142 到图 3-145 所示。

图 3-138

图 3-139

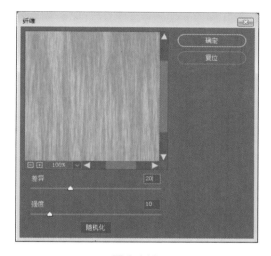

图 3-140

图 3-141

图 3-142

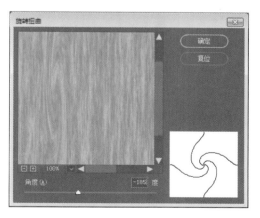

图 3-143

图 3-144                                            图 3-145

05 添加液化。执行"滤镜"→"液化",改变不同的压力和浓度值,进行绘制,如图3-146所示。

06 新建文件。再次执行"文件"→"新建"命令,在弹出的"新建"对话框中,创建400×400px、背景色为白色的空白文档,命名为"木纹质感2",完成后单击"创建"按钮,然后单击背景图层的锁头图标 🔒 解锁图层,如图3-147和图3-148所示。

图 3-146                              图 3-147                              图 3-148

07 设置颜色。单击 ◼ 中的白色图标,设置前景色为#9a5a36,单击 ◼ 中的黑色图标,设置背景色为#834723,如图3-149和图3-150所示。

图 3-149                                            图 3-150

08 添加渲染。执行"滤镜"→"渲染"→"纤维",设置差异为 20、强度 10,单击"确定"按钮,如图 3-151 和图 3-152 所示。

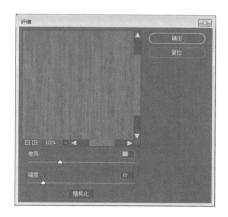

图 3-151

图 3-152

09 旋转图像。执行"图像"→"旋转图像"→"顺时针 90 度",将图像横向显示,如图 3-153 所示。

10 添加扭曲。单击工具栏中的"矩形选框工具",框选绘图区域,执行"滤镜"→"扭曲"→"旋转扭曲"命令,设置参数,单击"确定"按钮,完成操作,按 Ctrl+D 组合键,取消矩形选框,重复制作扭曲效果,如图 3-154 到图 3-157 所示。

11 添加液化。执行"滤镜"→"液化",改变不同的压力和浓度值进行绘制,如图 3-158 所示。

图 3-153

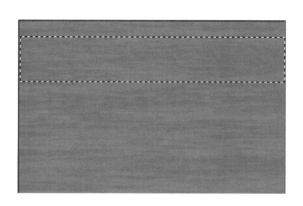

图 3-154

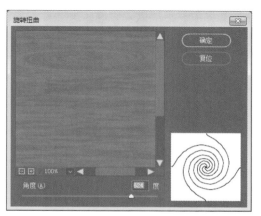

图 3-155

图 3-156

图 3-157

12 绘制圆角矩形。单击工具栏中的"圆角矩形工具",在选项栏中选择工具模式为"形状",设置参数,设置填充颜色为白色,如图 3-159 和图 3-160 所示。

13 绘制图形。单击工具栏中的"钢笔工具"→"添加描点工具",在中间添加描点,对描点进行拖拽,绘制图形,如图 3-161 和图 3-162 所示。

14 导入素材。执行"文件"→"打开"命令,选择"木纹质感 2"素材。将素材拖曳到场景中,调节适合的大小,如图 3-163 所示。

15 创建剪贴图层。右击头像图层,选择"创建剪贴蒙版"命令,为椭圆图层创建剪贴蒙版,如图 3-164 和图 3-165 所示。

图 3-158

图 3-159

图 3-160

图 3-161

图 3-162

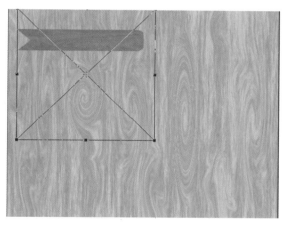

图 3-163

图 3-164

16 添加斜面和浮雕。执行"添加图层样式" **fx** →"斜面和浮雕"，设置参数，添加斜面与浮雕效果，如图 3-166 和图 3-167 所示。

17 添加描边。执行"添加图层样式" **fx** →"描边"，设置参数，添加描边效果，如图 3-168 和图 3-169 所示。

18 添加内阴影。执行"添加图层样式" **fx** →"内阴影"，设置参数，添加内阴影效果，如图 3-170 和图 3-171 所示。

图 3-165

19 添加渐变叠加。执行"添加图层样式" **fx** →"渐变叠加"命令，设置参数，添加渐变叠加效果，如图 3-172 和图 3-173 所示。

20 添加文字。单击工具栏中的"横版文字工具"，在选项栏中设置字体为"方正舒体"、字号为 24 点、颜色为白色，输入文字"导航"，重复操作，如图 3-174 到图 3-176 所示。

图 3-166

图 3-167

图 3-168

图 3-169

图 3-170

图 3-171

图 3-172

图 3-173

图 3-174

图 3-175

图 3-176

21　绘制形状。单击工具栏中的"直线工具"，设置颜色为 #5e5b5a、描边像素为 1，绘制一条直线，将不透明度改为 65%，重复操作，得到形状 1 和形状 2，如图 3-177 和图 3-178 所示。选中形状 1 和形状 2，按下 Ctrl+J 键，复制图层，移动至相应位置，如图 3-179 和图 3-180 所示。

22　添加正圆。单击工具栏中的"椭圆工具"按钮，在选项栏中选择工具的模式为"形状"，设置填充为 #8d4223，按住 Shift 键在页面中绘制正圆，如图 3-181 和图 3-182 所示。

23　添加斜面和浮雕。执行"添加图层样式" fx. →"斜面和浮雕"命令，设置参数，添加斜面与浮雕效果，如图 3-183 和图 3-184 所示。

图 3-177

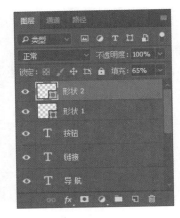

图 3-178

图 3-179

图 3-180

图 3-181

图 3-182

图 3-183

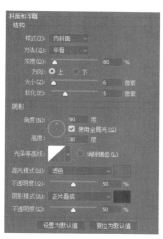

图 3-184

24 添加描边。执行"添加图层样式" *fx,* →"描边"命令，设置参数，添加描边效果，如图 3-185 和图 3-186 所示。

图 3-185

图 3-186

25 添加正圆。单击工具栏中的"椭圆工具"按钮，在选项栏中选择工具的模式为"形状"，设置填充为 #ecc5a8，按住 Shift 键在页面中绘制正圆，如图 3-187 和图 3-188 所示。

图 3-187

图 3-188

26 添加投影。执行"添加图层样式" fx. →"投影"命令，设置参数，添加投影效果，如图 3-189 和图 3-190 所示。

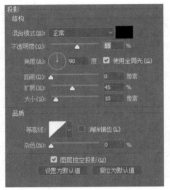

图 3-189

图 3-190

27 添加光泽。执行"添加图层样式" fx. →"光泽"命令，设置参数，添加光泽效果，如图 3-191 和图 3-192 所示。

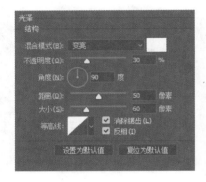

图 3-191

图 3-192

28 添加正圆。选中"椭圆 1"、"椭圆 2"图层，按 Ctrl+J 组合键复制图层，右击"椭圆 2"，清除图层样式，并修改填充颜色为 #3f291c，如图 3-193 和图 3-194 所示。

图 3-193

图 3-194

29 添加描边。执行"添加图层样式" fx → "描边"命令，设置参数，添加描边效果，如图 3-195 和图 3-196 所示。

图 3-195

图 3-196

30 添加内阴影。执行"添加图层样式" fx → "内阴影"命令，设置参数，添加内阴影效果，如图 3-197 和图 3-198 所示。

图 3-197

图 3-198

31 添加投影。执行"添加图层样式" fx → "投影"命令，设置参数，添加投影效果，如图 3-199 和图 3-200 所示。

图 3-199

图 3-200

32 绘制圆角矩形。单击工具栏中的"圆角矩形工具"，在选项栏中选择工具模式为"形状"，设置参数，设置填充颜色为 #834723，绘制圆角矩形，如图 3-201 和图 3-202 所示。

图 3-201　　　　　　　　　　　　　　　　　图 3-202

33 添加斜面和浮雕。执行"添加图层样式" $fx$ →"斜面和浮雕"命令，设置参数，添加斜面和浮雕效果，如图 3-203 和图 3-204 所示。

图 3-203　　　　　　　　　　　　　　　　　图 3-204

34 添加描边。执行"添加图层样式" $fx$ →"描边"命令，设置参数，添加描边效果，如图 3-205 和图 3-206 所示。

35 添加内阴影。执行"添加图层样式" $fx$ →"内阴影"命令，设置参数，添加内阴影效果，如图 3-207 和图 3-208 所示。

36 添加形状。首先按Ctrl+J键拷贝圆角矩形2，再添加"对勾"形状，单击工具栏中的"自定义形状工具"，在选项栏中选择工具模式为"形状"，设置填充颜色为白色，添加形状，如图 3-209 和图 3-210 所示。

图 3-205

图 3-206

图 3-207

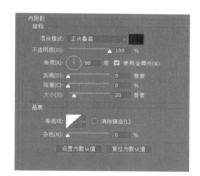

图 3-208

图 3-209

图 3-210

37 添加文字。单击工具栏中的"横版文字工具"，在选项栏中设置字体为"仿宋"、字号为 18 点、颜色为黑色，重复操作，如图 3-211 和图 3-212 所示。

38 绘制圆角矩形。单击工具栏中的"圆角矩形工具"，在选项栏中选择工具模式为"形状"，设置参数，绘制圆角矩形。接着导入素材，执行"文件"→"打开"命令，选择"木纹质感 2"素材，将素材拖曳到场景中，调节适合的大小。再右击头像图层，选择"创建剪贴蒙版"命令，为圆角矩形 3 图层创建剪贴蒙版，最后添加文字，设置字体为"仿宋"、字号为 30 点、颜色为白色，如图 3-213 和图 3-214 所示。

图 3-211

图 3-212

图 3-213

图 3-214

39 添加颜色叠加。选择圆角矩形 3 的剪贴蒙版"木纹质感 2"，执行"添加图层样式" fx. →"颜色叠加"命令，设置参数，添加颜色叠加效果，如图 3-215 和图 3-216 所示。

图 3-215

图 3-216

40 添加斜面和浮雕。执行"添加图层样式" fx. →"斜面和浮雕"命令，设置参数，添加斜面与浮雕效果，如图 3-217 和图 3-218 所示。

图 3-217

图 3-218

41 添加投影。执行"添加图层样式" *fx.* →"投影"命令，设置参数，添加投影效果，如图 3-219 和图 3-220 所示。

图 3-219

图 3-220

42 添加正圆。单击工具栏中的"椭圆工具"按钮，在选项栏中选择工具的模式为"形状"，设置填充为 #482f20，按住 Shift 键在页面中绘制正圆，如图 3-221 和图 3-222 所示。

43 添加斜面和浮雕。执行"添加图层样式" *fx.* →"斜面和浮雕"命令，设置参数，添加斜面和浮雕效果，如图 3-223 和图 3-224 所示。

44 添加描边。执行"添加图层样式" *fx.* →"描边"命令，设置参数，添加描边效果，如图 3-225 和图 3-226 所示。

45 添加内阴影。执行"添加图层样式" *fx.* →"内阴影"命令，设置参数，添加内阴影效果，如图 3-227 和图 3-228 所示。

图 3-221

图 3-222

图 3-223

图 3-224

图 3-225

图 3-226

图 3-227

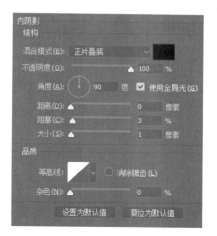

图 3-228

46 绘制三角形。单击工具栏中的"多边形工具"按钮，在选项栏中选择工具模式为"形状"，设置填充色为黑色，绘制三角形，如图 3-229 和图 3-230 所示。

图 3-229

图 3-330

47 添加投影。执行"添加图层样式" *fx.* →"投影"命令，设置参数，添加投影效果，如图 3-231 和图 3-232 所示。

48 添加文字。选中"圆角矩形 3"和"木纹质感 2"，按 Ctrl+J 组合键复制图层，移动至相应位置，并添加文字，单击工具栏中的"横版文字工具"，在选项栏中设置字体为"仿宋"、字号为 30 点、颜色为白色，如图 3-233 和图 3-234 所示。

49 绘制圆角矩形。单击工具栏中的"圆角矩形工具"，在选项栏中选择工具模式为"形状"，设置参数，设置填充颜色为 #623522，绘制圆角矩形，如图 3-235 和图 3-236 所示。

50 添加斜面和浮雕。执行"添加图层样式" *fx.* →"斜面和浮雕"命令，设置参数，添加斜面与浮雕效果，如图 3-237 和图 3-238 所示。

图 3-231

图 3-232

图 3-233

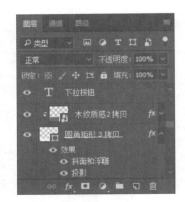

图 3-234

图 3-235

图 3-236

图 3-237

图 3-238

51 添加内阴影。执行"添加图层样式" fx →"内阴影"命令，设置参数，添加内阴影效果，如图 3-239 和图 3-240 所示。

图 3-239

图 3-240

52 绘制三角形。单击工具栏中的"多边形工具"，在选项栏中选择工具模式为"形状"，设置填充色为黑色，绘制三角形，如图 3-241 和图 3-242 所示。

53 添加斜面和浮雕。执行"添加图层样式" fx →"斜面和浮雕"，设置参数，添加斜面和浮雕效果，如图 3-243 和图 3-244 所示。

54 添加投影。执行"添加图层样式" fx →"投影"命令，设置参数，添加投影，如图 3-245 和图 3-246 所示。

图 3-241

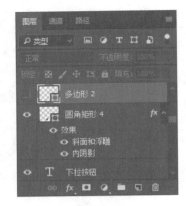

图 3-242

图 3-243

图 3-244

图 3-245

图 3-246

55 添加三角形。选中"多边形 2", 按 Ctrl+J 组合键复制图层, 移动至相应位置, 双击图层样式, 修改参数, 如图 3-247 到图 3-249 所示。

图 3-247

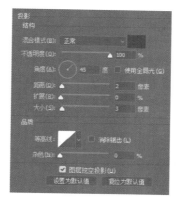

图 3-248

56 绘制圆角矩形。单击工具栏中的"圆角矩形工具", 在选项栏中选择工具模式为"形状", 设置参数, 绘制圆角矩形。接着导入素材, 执行"文件"→"打开"命令, 选择"木纹质感 2"素材。将素材拖曳到场景中, 调节适合的大小。再右击头像图层, 选择"创建剪贴蒙版"命令, 为圆角矩形 3 图层创建剪贴蒙版, 如图 3-250 和图 3-251 所示。

57 添加颜色叠加。选择圆角矩形 5 的剪贴蒙版"木纹质感 2", 执行"添加图层样式" fx.→"颜色叠加"命令, 设置参数, 添加颜色叠加效果, 如图 3-252 和图 3-253 所示。

58 添加斜面和浮雕。执行"添加图层样式" fx.→"斜面和浮雕"命令, 设置参数, 添加斜面和浮雕效果, 如图 3-254 和图 3-255 所示。

图 3-249

图 3-250

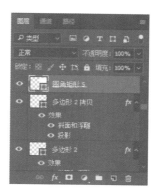

图 3-251

图 3-252

图 3-253

图 3-254

图 3-255

59 添加描边。执行"添加图层样式" *fx.* → "描边"命令,设置参数,添加描边效果,如图 3-256 和图 3-257 所示。

图 3-256

图 3-257

60 添加内阴影。执行"添加图层样式" →"内阴影"命令，设置参数，添加内阴影效果，如图 3-258 和图 3-259 所示。

图 3-258

图 3-259

61 添加文字。单击工具栏中的"横版文字工具"，在选项栏中设置字体为"仿宋"、字号为 24 点、颜色为白色，输入文字，如图 3-260 和图 3-261 所示。

图 3-260

图 3-261

62 绘制圆角矩形。单击工具栏中的"圆角矩形工具"，在选项栏中选择工具模式为"形状"，设置参数，绘制圆角矩形。接着导入素材，执行"文件"→"打开"命令，选择"木纹质感 2"素材。将素材拖曳到场景中，调节适合的大小，再右击头像图层，选择"创建剪贴蒙版"命令，为圆角矩形 3 图层创建剪贴蒙版，效果如图 3-262 和图 3-263 所示。

63 添加斜面和浮雕。执行"添加图层样式" →"斜面和浮雕"命令，设置参数，添加斜面和浮雕效果，如图 3-264 和图 3-265 所示。

64 添加内阴影。执行"添加图层样式" →"内阴影"命令，设置参数，添加内阴影效果，如图 3-266 和图 3-267 所示。

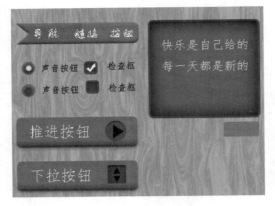

图 3-262

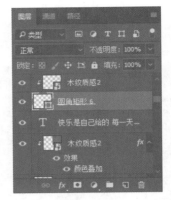

图 3-263

图 3-264

图 3-265

图 3-266

图 3-267

65 添加投影。执行"添加图层样式" fx, →"投影"命令，设置参数，添加投影效果，如图 3-268 和图 3-269 所示。

图 3-268 　　　　　　　　　　　　　　　　图 3-269

66 添加文字。单击工具栏中的"横版文字工具"，在选项栏中设置字体为"华文行楷"、字号为 24 点，输入文字，如图 3-270 和图 3-271 所示。

图 3-270

67 绘制圆角矩形。单击工具栏中的"圆角矩形工具"，在选项栏中选择工具模式为"形状"，设置参数，绘制圆角矩形。接着导入素材，执行"文件"→"打开"命令，选择"木纹质感 2"素材。将素材拖曳到场景中，调节为适合的大小。再右击头像图层，选择"创建剪贴蒙版"命令，为圆角矩形 3 图层创建剪贴蒙版，效果如图 3-272 和图 3-273 所示。

68 添加颜色叠加。选择圆角矩形 7 的剪贴蒙版"木纹质感 2"，执行"添加图层样式" fx, →"颜色叠加"命令，设置参数，添加颜色叠加效果，如图 3-274 和图 3-275 所示。

图 3-271

69 添加斜面和浮雕。执行"添加图层样式" fx, →"斜面和浮雕"命令，设置参数，添加斜面和浮雕效果，如图 3-276 和图 3-277 所示。

70 添加内阴影。执行"添加图层样式" fx, →"内阴影"命令，设置参数，添加内阴影效果，如图 3-278 和图 3-279 所示。

71 添加投影。执行"添加图层样式" fx, →"投影"命令，设置参数，添加投影效果，如图 3-280 和图 3-281 所示。

图 3-272

图 3-273

图 3-274

图 3-275

图 3-276

图 3-277

图 3-278

图 3-279

图 3-280

图 3-281

72 绘制圆角矩形。单击工具栏中的"圆角矩形工具"，在选项栏中选择工具的模式为"形状"，设置参数，绘制圆角矩形，设置填充颜色为#d5a895，如图 3-282 所示。

73 添加渐变叠加。执行"添加图层样式" fx. →"渐变叠加"命令，设置参数，添加渐变叠加效果，如图 3-283 和图 3-284 所示。

74 添加正圆。单击工具栏中的"椭圆工具"按钮，在选项栏中选择工具的模式为"形状"，设置填充为#d5a895，按住 Shift 键在页面中绘制正圆，如图 3-285 和图 3-286 所示。

图 3-282

图 3-283

图 3-284

图 3-285

图 3-286

75 添加斜面和浮雕。执行"添加图层样式" *fx.* →"斜面和浮雕"命令，设置参数，添加斜面和浮雕效果，如图 3-287 和图 3-288 所示。

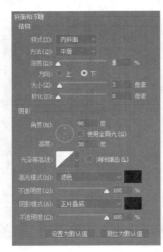

图 3-287

图 3-288

76 添加描边。执行"添加图层样式" *fx.* →"描边"命令，设置参数，添加描边效果，如图 3-289 和图 3-290 所示。

图 3-289

图 3-290

77 添加内阴影。执行"添加图层样式" fx → "内阴影"命令，设置参数，添加内阴影效果，如图 3-291 和图 3-292 所示。

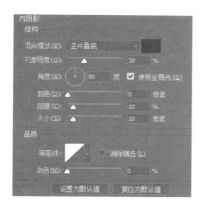

图 3-291

图 3-292

78 添加文字。单击工具栏中的"横版文字工具"，在选项栏中设置字体为"华文新魏"、字号为 16 点、颜色为白色，输入文字，如图 3-293 和图 3-294 所示。

图 3-293

图 3-294

## 3.4 绚丽光线界面设计

没有光就没有色彩，而世界上的一切都将是漆黑的。对于人类来说，光和空气、水、食物一样，是不可缺少的。各种绚丽的光线在黑暗中可以吸引人们的眼球，更能表现出活力和动感。

### 3.4.1 设计构思

本案例制作光彩绚丽的线条界面。首先通过路径绘制出光线，添加渐变色彩，形成绚烂的界面背景，然后绘制录音图标，完善录音界面，完成本案例的制作。

### 3.4.2 操作步骤

**01** 新建文档。执行"文件"→"新建"命令，在弹出的"新建文档"对话框中，新建一个3英寸×2英寸的文档，填充为黑色，如图3-295所示。

**02** 设置画笔。将前景色设置为白色，背景色设置为黑色，画笔设置为柔边画笔，如图3-296所示。

**03** 绘制路径。单击工具栏中的"钢笔工具"按钮，在选项栏中选择工具的模式为"路径"，绘制路径，如图3-297所示。

图 3-295

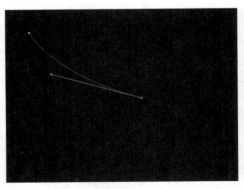

图 3-296

**04** 描绘线条。新建图层，在上一步的路径中右击，执行"描边路径"命令，工具选择"画笔"工具，勾选"模拟压力"复选框，单击"确定"按钮关闭窗口，如图3-298和图3-299所示。

**05** 绘制路径。单击工具栏中的"钢笔工具"按钮，在选项栏中选择工具的模式为"路径"，绘制路径，如图3-300所示。

**06** 描绘线条。新建图层，在上一步绘制的路径中右击，执行"描边路径"命令，选择"画笔"工具，"勾选"模拟压力"复选框，单击"确定"关闭窗口，效果如图3-301所示。

图 3-297

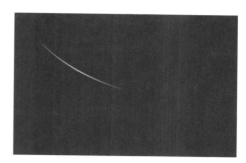

图 3-298

图 3-299

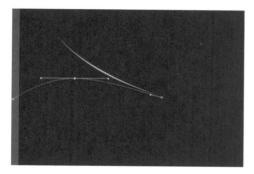

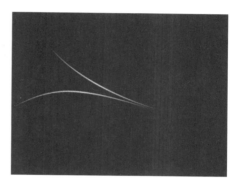

图 3-300

图 3-301

07 绘制其他光线。用同样的方法绘制其他的光线图，如图 3-302、3-303 所示。

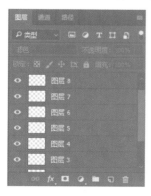

图 3-302

图 3-303

08 添加渐变。单击工具栏中的"渐变工具"，设置渐变颜色。新建图层，填充渐变，如图 3-304 和图 3-305 所示。

09 添加蒙版。单击图层下方的"添加矢量蒙版"按钮，为图层添加蒙版，并将蒙版填充黑色，如图 3-306 和图 3-307 所示。

10 涂抹彩色光体。将图层模式设置为"滤色"，单击工具栏中的"画笔工具"，将前景色设置为白色，改变画笔的不透明度，在蒙版上涂抹出彩色光线，如图 3-308 和图 3-309 所示。

图 3-304 | 图 3-305

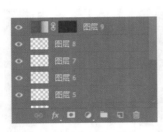

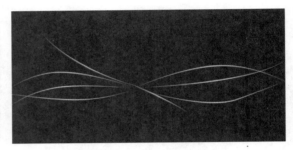

图 3-306 | 图 3-307

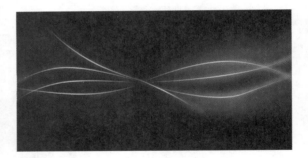

图 3-308 | 图 3-309

**11** 绘制矩形。新建图层，单击工具栏中的"矩形工具"按钮，在选项栏中选择工具的模式为"形状"，绘制矩形，如图 3-310 和图 3-311 所示。

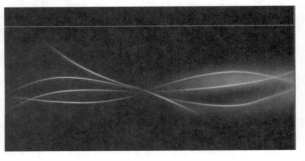

图 3-310 | 图 3-311

12　添加描边。执行"添加图层样式"→"描边"命令，打开"图层样式"面板。选择"描边"选项，设置参数，添加描边效果，如图 3-312 和图 3-313 所示。

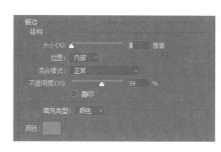

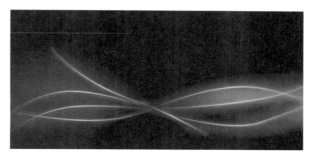

图 3-312　　　　　　　　　　　　　　　　　图 3-313

13　添加外发光。在打开的"图层样式"对话框中选择"外发光"选项，设置参数，添加外发光效果，如图 3-314 和图 3-315 所示。

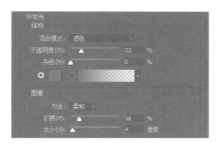

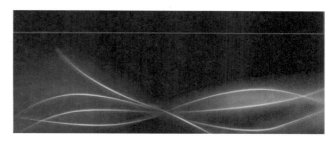

图 3-314　　　　　　　　　　　　　　　　　图 3-315

14　添加文字。单击工具栏中的"横排文字工具"按钮，输入文字，如图 3-316 和图 3-317 所示。

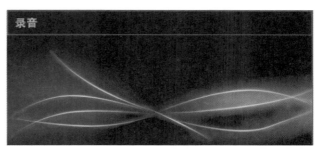

图 3-316　　　　　　　　　　　　　　　　　图 3-317

15　绘制形状。单击工具栏中的"钢笔工具"按钮，在选项栏中选择工具的模式为"形状"，绘制音量图标形状，如图 3-318 和图 3-319 所示。

16　绘制形状。单击工具栏中的"钢笔工具"按钮，在选项栏中选择工具的模式为"形状"，绘制电池图标形状，如图 3-320 和图 3-321 所示。

图 3-318

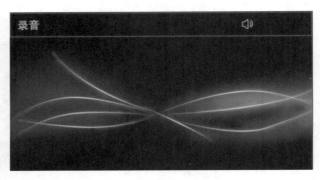

图 3-319

图 3-320

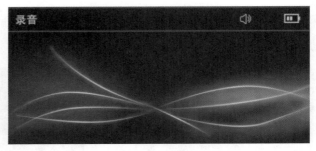

图 3-321

17 添加文字。单击工具栏中的"横排文字工具"按钮，输入音量文字，如图 3-322 和图 3-323 所示。

图 3-322

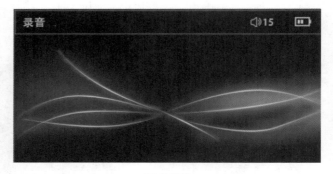

图 3-323

18 绘制矩形。新建图层，单击工具栏中的"矩形工具"按钮，在选项栏中选择工具的模式为"形状"，绘制矩形，如图 3-324 和图 3-325 所示。

19 绘制矩形。新建图层，单击工具栏中的"矩形工具"按钮，在选项栏中选择工具的模式为"形状"，绘制矩形，如图 3-326 和图 3-327 所示。

20 绘制圆角矩形。新建图层，单击工具栏中的"圆角矩形工具"按钮，在选项栏中选择工具的模式为"形状"，绘制圆角矩形，如图 3-328 和图 3-329 所示。

图 3-324

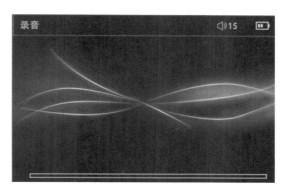

图 3-325

图 3-326

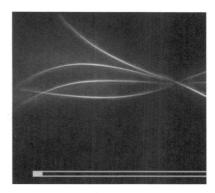

图 3-327

图 3-328

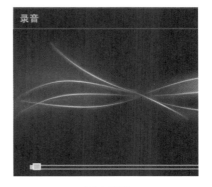

图 3-329

21　绘制形状。单击工具栏中的"钢笔工具"按钮,在选项栏中选择工具的模式为"形状",绘制录音形状,如图 3-330 和图 3-331 所示。

22　添加描边。执行"添加图层样式"→"描边"命令,打开"图层样式"面板。选择"描边"选项,设置参数,添加描边效果,如图 3-332 和图 3-333 所示。

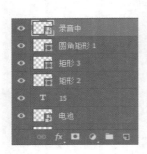

图 3-330

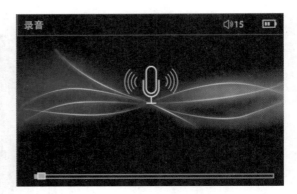

图 3-331

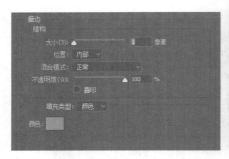

图 3-332

图 3-333

23 添加外发光。在打开的"图层样式"界面中选择"外发光"选项，设置参数，添加外发光效果，如图 3-334、3-335 所示。

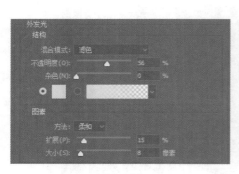

图 3-334

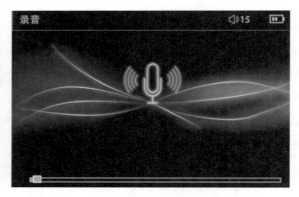

图 3-335

24 绘制形状。单击工具栏中的"钢笔工具"按钮，在选项栏中选择工具的模式为"形状"，绘制录音形状的倒影，将图层的不透明度设置为37%，如图 3-336 所示。

25 添加描边。执行"添加图层样式"→"描边"命令，打开"图层样式"面板。选择"描边"选项，设置参数，添加描边效果，如图 3-337 和图 3-338 所示。

26 添加外发光。在打开的"图层样式"界面中选择"外发光"选项，设置参数，添加外发光效果，如图 3-339 和图 3-340 所示。

27 添加蒙版。单击图层下方的"添加矢量蒙版"按钮，为图层添加蒙版，并将蒙版填充黑色，用画笔画出倒影，如图 3-341 和图 3-342 所示。

28 绘制椭圆。新建图层，单击工具栏中的"椭圆工具"按钮，在选项栏中选择工具的模式为"形状"，绘制椭圆，如图 3-343 和图 3-344 所示。

图 3-336

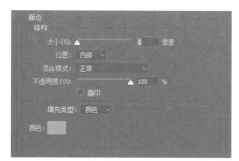

图 3-337

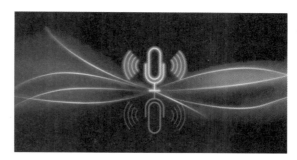

图 3-338

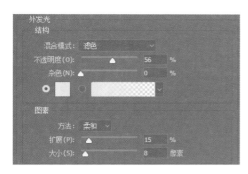

图 3-339

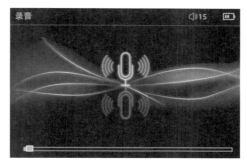

图 3-340

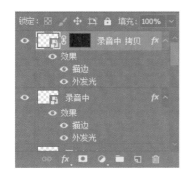

图 3-341

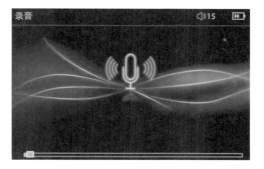

图 3-342

图 3-343

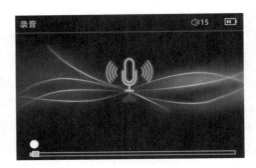

图 3-344

29 执行"添加图层样式"→"渐变叠加"命令，打开"图层样式"面板。选择"渐变叠加"
选项，设置参数，添加渐变叠加效果，如图 3-345 和图 3-346 所示。

图 3-345

图 3-346

30 添加文字。单击工具栏中的"横排文字工具"按钮，输入音量文字，如图 3-347
和图 3-348 所示。

图 3-347

图 3-348

## 3.5 UI 设计师必备技能：颜色搭配

### 3.5.1 简约配色设计

比起复杂的配色设计，现在的人更加喜欢简约的配色，简约美也已经成为近几年最流行的设计思路。现在的用户喜欢有质感的设计，远多于配色复杂的设计。常见的色相有赤橙黄绿青蓝紫等，色相差异如果比较明显，主要色彩的选取就容易多了。我们可以选择对比色、临近色、冷暖色调互补等方式，也可以直接从成功作品中借鉴主辅色调配，如朱红点缀深蓝和明黄点缀深绿等色相 ( 图 3-349)。

图 3-349

图 3-349 中，根据画面信息的多少，会有更多色彩区域的层级划分和文字信息层级区分需求，那么在守住"配色的色彩 ( 相 ) 不超过三种"的原则下，只能寻找更多同色系的色彩来完善设计，也就是在"饱和度"和"明度 ( 即透明度 )"上做文章。

## 3.5.2　混合特效设计

在 APP 设计中，善于利用叠加、柔光和透明度 ( 在 Photoshop 中主要参数为"不透明度")这三个关键词就可以了。但需要注意的是，透明度和填充不一样，透明度是作用于整个图层的,而填充则不会影响到"混合选项"的效果(图 3-350)。

图 3-350

在讲述叠加和柔光之前，我们先了解一下配色的原理：用纯白色和纯黑色通过"叠加"和"柔光"的混合模式，再选择一个色彩，得到最匹配的颜色。就像调整饱和度和明度，再通过调整透明度选取最适合的辅色一样。

如图 3-351 所示，只要调整叠加 / 柔光模式的黑白色块的 10% 到 100% 的透明度，就可以得到差异较明显的 40 种配色。

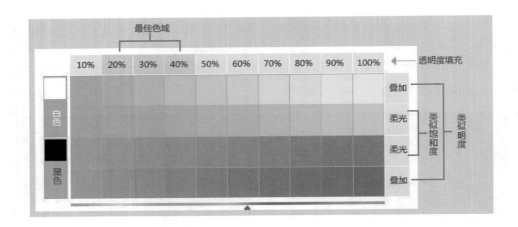

图 3-351

通过这种技巧，每一种颜色都能轻易获得失误为 0 且无穷尽的"天然配色"。因为叠加和柔光模式对图像内的最高亮部分和最阴影部分无调整，所以这种配色方法对纯黑色和纯白色不起任何作用。

### 3.5.3 具体案例

只要了解了色彩搭配技巧和混合特效，就能做出客户想要的效果。下面通过例子介绍对混合特效的应用（图 3-352）。

01 选择一个黑色或白色或黑白渐变点、线、面或者字体。

02 在混合模式里选择叠加或柔光。

03 调整不透明度，从 1% 到 100% 随意调试，也可以直接输入一个整数值。轻质感类画面可以选择 20% 到 40% 的透明度，重质感类画面可以选择 60% 以上的透明度。

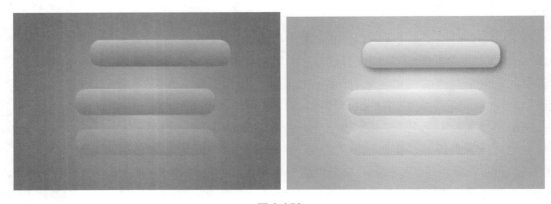

图 3-352

方法延伸：依照前面的方法，再将其运用到某一个按钮上。通过依次调整混合选项中的阴影、外发光、描边、内阴影、内发光等参数查看不同的效果。

# 第4章

## APP 中的字体设计

　　本章主要收录了三个有特色的文字设计制作实战练习，包含添加斜面和浮雕、渐变叠加、图案叠加等制作过程，使读者不仅能看到实例的具体操作过程，还能学到更高级的操作技巧。

## 关键知识点：

金属质感表现

钻石字体表现

岩石字体表现

## 4.1　斜面浮雕字体设计

　　金属具有特定的色彩和光泽，强度大，棱角分明，金属字体具有微凸状及金属光泽等特征，可以体现出立体感及质感。

### 4.1.1　设计构思

　　首先利用图案渐变叠加等为文字制作出金属特有的质感，再利用斜面和浮雕、投影制作出厚度和立体感，最后对整体色调进行统一的调整。

### 4.1.2　操作步骤

　　**01** 新建文档。执行"文件"→"新建"命令，打开"新建文档"对话框，根据需要，创建一个 800×400 像素的文档，单击"创建"按钮，如图 4-1 所示。

　　**02** 改变背景色。执行"创建新的填充或调整图层"→"纯色"命令，如图 4-2 所示，打开"拾色器(纯色)"面板，这里我们选择的颜色为 #778086，单击"确定"按钮，如图 4-3 所示。

　　**03** 创建字体。单击工具栏中的"横排文字工具 (T)"按钮，或按快捷键 T，输入"PHOTOSHOP"，选择 Starcraft 字体、大小为 88 点、字体颜色为 #000000，结果如图 4-4 所示。

图 4-1

图 4-2

图 4-3

图 4-4

**04** 添加斜面和浮雕。在文字图层执行"添加图层样式"→"斜面和浮雕"命令，如图 4-5 所示，打开"图层样式"面板。调整"结构"参数，样式为"内斜面"，方法为"雕刻清晰"，深度为 188，方向为"上"，大小为 18 像素，软化 0，如图 4-6 所示。调整"阴影"参数，角度 −90 度，高度为 56，高光模式为"滤色"，颜色为 #5b62e2，不透明度 75%，阴影模式为"正片叠底"，颜色为 #11082e，不透明度为 75%，如图 4-7 所示。单击"确定"按钮。

**05** 添加颜色叠加效果。在文字图层执行"添加图层样式"→"颜色叠加"命令，如图 4-8 所示，打开"图层样式"面板。调整"颜色"参数，混合模式为"正常"，颜色为 #232cef，如图 4-9 所示，单击"确定"按钮。

图 4-5

图 4-6

图 4-7

图 4-8

图 4-9

06 添加投影效果。在文字图层执行"添加图层样式"→"投影"命令，打开"图层样式"面板，如图 4-10 所示。调整"结构"参数，混合模式为"正片叠底"，颜色为 #000000，不透明度为 100%，角度为 −90 度，距离为 5 像素，扩展为 18%，大小为 25 像素；调整"品质"参数，选择合适的等高线，杂色设为 1，如图 4-11 所示，单击"确定"按钮。效果如图 4-12 所示。

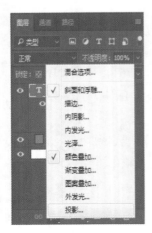

图 4-10

图 4-11

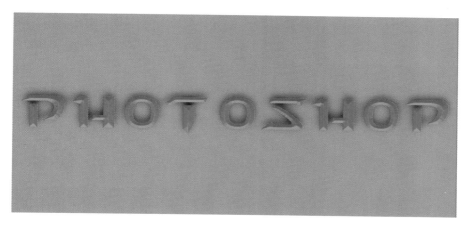

图 4-12

为使字体表现形式更加丰富，还可以为其添加更多效果。

07 把文字图层复制一层。右击文字图层，执行"复制图层"命令，或按快捷键 Ctrl+J。删除"拷贝"图层的图层样式，即右击拷贝图层的 fx 图标，执行"清除图层样式"，如图 4-13 所示。将图层填充设置为 0%，如图 4-14 所示。

图 4-13

图 4-14

08 为拷贝图层添加斜面和浮雕。在拷贝图层执行"添加图层样式"→"斜面和浮雕"命令，打开"图层样式"面板。调整"结构"参数，样式为"内斜面"，方法为"雕刻清晰"，深度为 115，方向为"上"，大小为 10 像素，软化为 0；调整"阴影"参数，角度为 −90 度，高度为 56，高光模式为"颜色减淡"，颜色为 #5b62e2，不透明度为 75%，阴影模式为"颜

色加深"，颜色为 #11082e，不透明度为 75%，如图 4-15 所示。添加"纹理"效果，选择合适图案，这里将缩放设置为 50%、深度设置为 2%，如图 4-16 所示。单击"确定"按钮。

图 4-15

图 4-16

09 图案叠加。在拷贝图层执行"添加图层样式"→"图案叠加"命令，打开"图层样式"面板。调整"图案"参数，设置混合模式为"正常"、不透明度为 39%、缩放为 323%，如图 4-17 所示。单击"确定"按钮，效果如图 4-18 所示。

10 复制拷贝图层。右击"拷贝"图层，执行"复制图层"命令，或按快捷键 Ctrl+J。删除"拷贝 2"图层的图层样式，即右击拷贝图层的 fx 图标，执行"清除图层样式"样式，将图层填充设置为 0%，如图 4-19 所示。

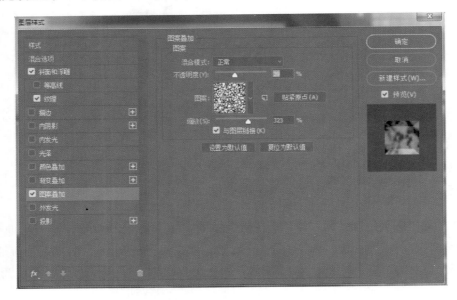

图 4-17

图 4-18

图 4-19

11 添加描边。执行"添加图层样式"→"描边"命令，打开"图层样式"面板。调整"结构"参数，设置大小为 1 像素位置为"外部"、混合模式为"正常"、不透明度为 49%、填充类型为"颜色"颜色为 #73b3df，单击"确定"按钮，如图 4-20 所示。

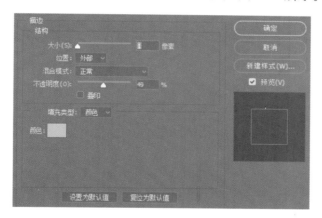

图 4-20

12 添加内阴影。执行"添加图层样式"→"内阴影"命令，打开"图层样式"面板。调整"结构"参数，设置混合模式为"正常"、颜色为 #73b3df、不透明度为 74%、角度 −90 度，距离为 6 像素、阻塞为 0%、大小为 6 像素、"品质"的杂色为 1%，如图 4-21 所示，单击"确定"按钮。

13 添加渐变叠加。执行"添加图层样式"→"渐变叠加"命令，打开"图层样式"面板。调整"渐变"参数，设置混合模式为"颜色减淡"、不透明度为 22%、样式为"对称的"、角度为 105 度，缩放为 82%，如图 4-22 所示，单击"确定"按钮。

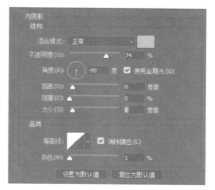

图 4-21

14 添加背景图片。执行"文件"→"打开"命令,在弹出的对话框中选择"漫天繁星.jpg"素材,将其打开并拖入场景中,调整适当的大小,按 Enter 键确定嵌入背景。将"漫天繁星"图层移动到背景图层前面。设置"颜色填充 1"图层的混合模式为"颜色加深",不透明度为 73%。如图 4-23 所示。

图 4-22

图 4-23

最终效果如图 4-24 所示。

图 4-24

## 4.2 钻石字体设计

钻石是美丽、浪漫、奢华的象征,以钻石为创作灵感设计出的钻石字体是一款带有钻石效果的字体,适用于艺术设计、平面设计等工作。这样的字体完美诠释了钻石闪耀夺目的特点。

### 4.2.1 设计构思

本例中钻石字体的制作主要利用了叠加的多种图层样式方法。首先通过应用斜面和浮雕、投影等效果让文字具有立体感，再通过描边、渐变叠加等使文字具有金属色泽，最后通过滤镜效果完成闪闪发光的钻石文字效果。

## 4.2.2 操作步骤

**01** 打开文件。执行"文件"→"打开"命令，在弹出的对话框中选择"情侣.jpg"素材，将其打开，如图 4-25 和图 4-26 所示。

图 4-25            图 4-26

**02** 创建字体，单击工具栏中的"横排文字工具 (T)"按钮，或按快捷键 T，输入"Diamond"，这里用的是"微软雅黑"字体，大小为 150 点，字体颜色为 #ffffff，如图 4-27 到图 4-29 所示。

图 4-27

图 4-28            图 4-29

**03** 为文字图层添加投影。在文字图层执行"添加图层样式"→"斜面和浮雕"命令，打开"图层样式"面板。调整"结构"参数，混合模式为"正片叠底"，颜色为 #000000，不透明度为 75%，角度为 120 度，距离为 1，扩展为 0，大小为 16，如图 4-30、4-31 所示。

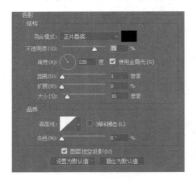

图 4-30　　　　　　　　　　　　　图 4-31

04　复制文字图层，右击"拷贝"图层，执行"复制图层"命令，或按快捷键 Ctrl+J。删除拷贝图层的图层样式，即右击拷贝图层的 fx 图标，执行"清除图层样式"命令，如图 4-32 和图 4-33 所示。

05　添加斜面和浮雕。在文字图层执行"添加图层样式"→"斜面和浮雕"命令，如图 4-34 所示，打开"图层样式"对话框。调整"结构"参数，样式为"外斜面"，方法为"平滑"，深度为 276，方向为"上"，大小为 9 像素，软化为 2；调整"阴影"参数，角度为 120，高度为 30，高光模式为"正常"，其不透明度为 100%，阴影模式为"亮光"，其不透明度为 30%，如图 4-35 所示。

图 4-33

图 4-32　　　　　　　　　　　　　图 4-34

06 添加描边。继续在"图层样式"对话框中选择"描边"选项。调整"结构"参数，大小为5像素，位置为"居中"，混合模式为"正常"，填充类型为"渐变"，样式为"对称的"，角度为90度，如图4-36所示。

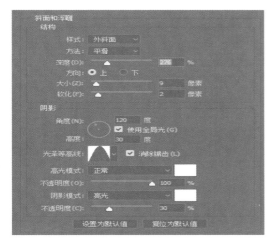

图 4-35                                    图 4-36

07 添加渐变叠加。继续在"图层样式"对话框中选择"渐变叠加"选项。调整"渐变"参数，混合模式为"颜色减淡"，不透明度为95%，渐变为蓝黑多层渐变，样式为"线性"，角度为90度，缩放为98%，如图4-37所示。

08 添加图案叠加。继续在"图层样式"对话框中选择"图案叠加"选项。修改"图案"参数，混合模式为"强光"，不透明度为100%，缩放为787%，如图4-38所示。

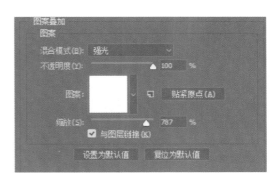

图 4-37                                    图 4-38

09 添加投影。继续在"图层样式"对话框中选择"投影"选项。设置"结构"参数，混合模式为"正片叠底"，不透明度为50%，角度为120度，距离为0，扩展为26%，大小为16，如图4-39所示。此时图层面板如图4-40所示，效果如图4-41所示。

10 新建文字选区。按住Ctrl键的同时单击"图层"面板中的文字图层，载入文字选区，如图4-42所示。保持选区选中的状态，新建图层，命名为"钻石"。

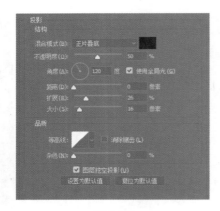

图 4-39                   图 4-40

图 4-41

图 4-42

11 制作纹理。按下 D 键重置默认颜色，执行"滤镜"→"渲染"→"云彩"命令，为选中的区域添加云彩纹理。再执行"图像"→"调整"→"亮度 / 对比度"命令，设置亮度为 121，如图 4-43 和图 4-44 所示。

12 制作钻石。执行"滤镜"→"滤镜库"→"扭曲"→"玻璃"命令，设置扭曲度为 20，平滑度为 1，纹理为"小镜头"，

图 4-43

缩放为 60%，如图 4-45 和图 4-46 所示。

图 4-44

图 4-45

图 4-46

13　添加钻石光芒。新建图层，选择画笔工具，选
择星星笔刷，如图 4-47 所示，选择合适的画笔大小，前景
色设为白色，在合适的位置单击绘制闪耀效果，如图 4-48
所示。

图 4-47

图 4-48

14 解锁背景图层。用鼠标单击"背景"图层的 🔒 图标，变为"图层 0"。

15 调整色调。新建图层 2，填充黑色，并把"图层 2"移动到"图层 0"下面，把"图层 0"的透明度设置为 47%，如图 4-49 所示。最终效果图如图 4-50 所示。

图 4-49

图 4-50

## 4.3 立体岩石材质字体设计

以岩石为创作灵感制作的岩石材质字体特点鲜明。这种立体岩石效果，有鬼斧神工、大气蓬勃之气势，适合在海报广告中运用。

### 4.3.1 设计构思

本例中的立体岩石材质字体主要利用图层样式的叠加来制作。首先选择适合的岩石素材，通过图层样式叠加在适合的字体上，再通过添加斜面和浮雕、投影等效果让文字具有立体感，最后通过各种元素的叠加和对蒙版的应用等使场景和光影更加自然。

### 4.3.2 操作步骤

01 打开背景文件。执行"文件"→"打开"命令，在弹出的窗口中选择"城堡.jpg"背景文件，如图 4-51 所示。

02 创建文字。单击工具栏中的"横排文字工具 (T)"按钮，或按快捷键 T，输入"亡者归来"，这里用的是"华文隶书"字体，大小为 207 点，字体颜色为 #000000，如图 4-52 到图 4-54 所示。

图 4-51

图 4-52

图 4-53

03 文字变形。执行"图层"→"栅格化"→"文字"命令，栅格化文字图层。按 Ctrl+T 组合键，右击鼠标，选择"变形"命令，对文字进行变形，按下 Enter 键确定变形，如图 4-55 到图 4-57 所示。

04 给文字添加斜面和浮雕。在文字图层执行"添加图层样式" fx. →"斜面和浮雕"命令，如图 4-58 所示，打开"图层样式"面板。调整"结构"参数，样式为"外斜面"，方法为"雕刻清晰"，深度为 1000，方向为"上"，大小为 2 像素，软化为 0；调整"阴影"参数，角度为 120 度，高度为 30，高光模式为"正常"，其颜色为 # 6894a1、不透明度为 100%，阴影模式为"正片叠底"，其颜色为 #000000、不透明度为 100%，如图 4-59 所示。

图 4-54

图 4-55

图 4-56

图 4-57

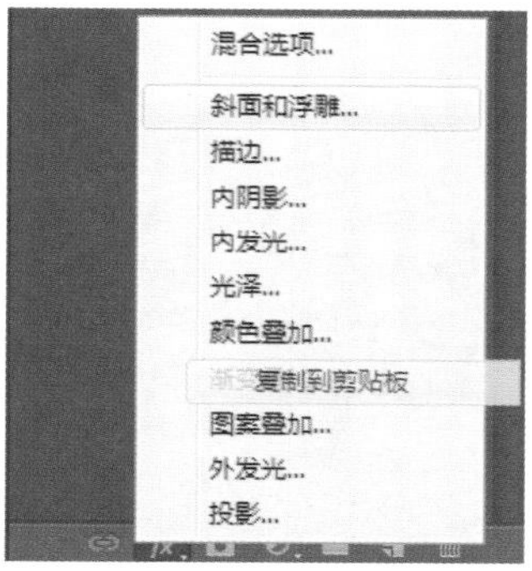

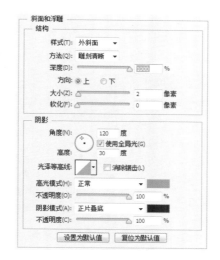

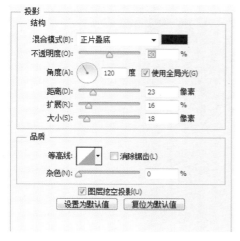

图 4-58

图 4-59

05 添加投影。在"图层样式"面板中选择"投影"选项。修改"结构"参数，混合模式为"正片叠底"，不透明度为 50%，角度为 120 度，距离为 23 像素，扩展为 16%，大小为 18 像素，如图 4-60 到图 4-62 所示。

图 4-60

图 4-61

121

图 4-62

06 添加纹理图片。执行"文件"→"打开"命令，在弹出的窗口中选择"岩石 .jpg"文件，打开岩石纹理图片，并将其拖入到场景中，调节合适的位置和大小，如图 4-63、4-64 所示。

图 4-63                          图 4-64

07 创建纹理。右击"图层 1"，选择"创建剪贴蒙版"命令，在文字上添加纹理，如图 4-65 和图 4-66 所示。

图 4-65

08 颜色叠加。在"图层1"执行"添加图层样式"→"颜色叠加"命令，打开"图层样式"面板。修改"颜色"参数，混合模式为"线性光"，颜色为#39575f，不透明度为30%，如图4-67所示。

图 4-66　　　　　　　　　　　　　　　　　　图 4-67

09 添加光效。执行"文件"→"打开"命令，在弹出的窗口中选择"光效.jpg"文件，打开光效图片。将光效图片拖入场景中，调节到合适的位置和大小。混合模式改为"变亮"，如图4-68和图4-69所示。

图 4-68　　　　　　　　　　　　　　　　　　图 4-69

10 复制光效。执行"图层"→"复制图层"命令，将复制光效图层，将新的图层移动到合适的位置，如图4-70所示。

图 4-70

11 制造氛围。将背景图层解锁，即单击背景图层的 🔒 图标，"背景"图层变为"图层0"。

在"图层0"下新建一个图层，背景色填充为黑色。在"图层0"上新建图层蒙版，单击█图标，如图4-71所示。单击工具栏中的"渐变工具"，在场景上拖动鼠标，为蒙版添加渐变，如图4-72到图4-74所示。

图 4-71

图 4-72

图 4-73

图 4-74

12 添加闪电。执行"文件"→"打开"命令，在弹出的窗口中选择"闪电.jpg"文件，打开闪电图片并拖入场景中，调节至合适的位置和大小。混合模式改为"滤色"，如图4-75所示。在闪电图层上新建图层蒙版，单击█图标。单击工具栏中的"画笔工具"，或者按快捷键B，前景色设为黑色，在蒙版上修改闪电边缘，使过渡更自然，如图4-76和图4-77所示。

图 4-75

图 4-76

图 4-77

13 再次添加新的闪电。执行"文件"→"打开"命令，在弹出的窗口中选择"闪电 .jpg"文件，打开闪电图片并拖入场景中，调节至合适的位置和大小，混合模式为"点光"，如图 4-78 所示。在该图层上添加图层蒙版，用黑色画笔修改该图层，使闪电更加自然。

图 4-78

14 根据整个场景修改细节部分，最终效果如图 4-79 和图 4-80 所示。

图 4-79

图 4-80

# 4.4　UI 设计师必备技能：文字设计

UI 即 User Interface( 用户界面 ) 的简称，也就是用户与界面的关系。UI 设计是指对软件的人机交互、操作逻辑、界面美观的整体设计，包括交互设计、用户研究和界面设计三个部分。

UI 设计可以分为硬件界面设计和软件界面设计两大类，这里主要是讲软件界面设计，也可以称为特殊的或狭义的 UI 设计。

一个好的 UI 设计，不仅能让软件变得有个性、有品位，还能让软件的整个操作变得简单、舒适、自由，并能够充分体现软件的定位和特点。

界面设计不是单纯的美术绘画，它需要定位使用者、使用环境、使用方式、最终用户，是纯粹的、科学性的艺术设计。一个友好美观的界面，会给人带来舒适的视觉享受，拉近人机之间的距离，所以界面设计要和用户研究紧密结合。

## 4.4.1　字号设计

手机客户端的各个页面都会涉及字体、字号和字体颜色的考虑，而在手机屏幕这个特殊媒介中，字号显得更为重要。为了不违反设计意图，同时考虑到手机显示效果的易看性，必须了解在电脑上做图时采用的字号和开发过程中采用的字号。

下面我们通过例子，看看字号对设计效果究竟有多大的影响。如图 4-81 所示，在利用计算机作图与手机适配的过程中，左图是设计效果，这个页面的设计表达的是一个家教软件的首页，所以在设计中应该突出体现"主页"的视觉效果。我们在手机上适配页面的时候，要达到易看的目的，主标题（主页）和副标题（其他选项）字号必须有区别。如右图所示，主页和其他字号完全一样，问题就出现了，这会导致用户不能一眼看出内容是哪个版块的，达不到设计意图，体验效果不佳。

在 Photoshop 中设计的文字　　　　　　　　在手机中适配的效果

**图 4-81**

要想解决这个问题，就必须通过加深首页的字号和底色来加重其分量，突出显示效果，如图 4-82 所示。

## 4.4.2　UI 文字设计标准

确定字号时，应根据 APP 的性质、风格、定位来进行选择，应通过文字大小表现出内容的轻重，层级划分，做到层级关系明显。除了用字号区分文字外，还可对文字进行样式（加重字体）和颜色的区分。通常用 Photoshop 画效果图时，文字大小一般直接用"点"做单位，然而在开发中，一般采用 sp 做单位。如何保证画图时的字号选择和手机适配效果一致呢？下面以几个常用的字体效果来说明在 Photoshop 中和开发中如何选择字号。

1）列表的主标题

如腾讯新闻、QQ 通信录首页（图 4-83）的列表主标题的字号在 PS 中应采用 24~26 号左右，一行大概容纳 16 个字。开发程序中对应的字号是 18sp。

调整后的效果

**图 4-82**

<table>
<tr><td>腾讯新闻</td><td>QQ 通信录</td></tr>
</table>

**图 4-83**

2) 列表的副标题

列表的副标题的字号一般没有太多的要求，基本原则是保证字体颜色和字号小于主标题即可。

3) 正文

正文一般需要保证每行不多于 22 个字，如果过小，会影响阅读。在电脑设计中大概保证不小于 16 号文字，而在开发程序的过程中，字号的设置要大于 12 号。

最后需要注意的是：同样的字号，不同的字体，显示的大小也可能不一样。比如，同样是 16 号字的楷体和黑体，楷体就显得比黑体小一些。

# 第 5 章

## APP 中的简约 Icon 设计

本章主要收录了四个小图标以及一个整套图标的实战案例。这些图标多为时下非常流行的简约风格，主要是利用圆角矩形、椭圆、钢笔等多种矢量工具综合绘制而成的形状。通过本章的学习，可以使读者快速掌握使用矢量工具进行 APP 图标设计的相关技术。

## 关键知识点：

简约风格表现

矢量工具

整体风格统一

图标尺寸

# 5.1 联系人图标设计

联系人图标是手机上必不可少的工具图案，在其中存储着电话、手机等通信设备里可供联系交流的人员名单。联系人图标作为手机的基本功能之一，每天都被人们频繁地使用着。

### 5.1.1 设计构思

本例制作一个联系人图标。在设计过程中，首先用浅蓝色制作清新的背景，其次使用圆角矩形工具和椭圆工具绘制人形图标，最后在整体边框外加上白色圆环，整个图标具有清新、简捷的氛围。

### 5.1.2 操作步骤

**01** 新建文件。执行"文件"→"新建"命令，在弹出的"新建"对话框中创建 256×256 像素的文档，背景内容为"黑色"，完成后单击"创建"按钮，如图 5-1 所示。

**02** 绘制椭圆。单击工具栏中的"椭圆工具"，在选项栏中选择工具模式为"形状"，设置填充色为#7fd9cb。按住 Shift 键在界面中绘制正圆，将正圆移动到中间位置，如图 5-2 到图 5-4 所示。

图 5-1

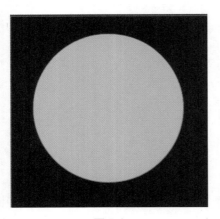

图 5-2

图 5-3

图 5-4

**03** 绘制头部形状。单击工具栏中的"椭圆工具"，在选项栏中选择工具模式为"形状"，设置填充色为#f2a3c2。按住 Shift 键，在界面中绘制正圆，将头部形状移动到合适的位置，如图 5-5 和图 5-6 所示。

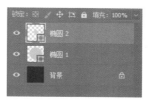

图 5-5                           图 5-6

**04** 绘制身体形状。单击工具栏中的"圆角矩形工具"，在选项栏中选择工具模式为"形状"，设置填充色为 #f2a3c2，在界面中绘制出身体部分，在图层上右击，选择"栅格化图层"命令。单击工具栏中的"矩形选框工具"，在圆角矩形图层画出手和身体的间隙，按 Delete 键删除，完成身体形状的绘制，如图 5-7 和图 5-8 所示。

图 5-7                           图 5-8

**05** 绘制阴影部分。按住 Shift 键，单击"椭圆 2"图层和"圆角矩形 1"图层，右键选择"合并图层"命令。右击合成后的图层，选择"复制图层"命令，生成拷贝图层。按住 Ctrl+T，改变形状的大小，把图层移动到背景图层上面。将前景色设为白色，按住 Ctrl 键单击阴影图层，创建形状选区，填充前景色 Alt+Delete，改变不透明度为 40%，如图 5-9 和图 5-10 所示。

**06** 添加外框。按住 Ctrl 键，单击"椭圆 1"图层，调取选区。新建图层，执行"选择"→"反选"，填充前景色为白色。执行"选择"→"修改"→"收缩"，收缩量为 15 像素，然后单击"确定"按钮。按 Delete 键，裁剪出白色外边框，如图 5-11 和图 5-12 所示。最终效果如图 5-13 所示。

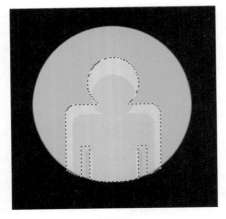

图 5-9

图 5-10

图 5-11

图 5-12

图 5-13

## 5.2 搜索图标设计

搜索图标是手机、计算机上经常使用的工具图案。设计时应该让用户看到图标就能感知、想象、理解其含义。这种带有放大镜形状的搜索图标是当前最基本的，也是最广为人知的搜索图标。

### 5.2.1 设计构思

本例制作的是搜索图标。首先设计师选用的是放大镜形状的搜索图标，其次选用椭圆工具绘制出放大镜镜体，再用钢笔绘制出放大镜的手柄，最后绘制出高光。这种简单的设计，使得搜索图标看起来既清爽又形象生动。

### 5.2.2 操作步骤

**01** 新建文件。执行"文件"→"新建"命令，在弹出的"新建"对话框中创建 256×256 像素的文档，背景内容为"黑色"，完成后单击"创建"按钮，如图 5-14 所示。

**02** 绘制放大镜镜框。单击工具栏中的"椭圆工具"，在选项栏中选择工具模式为"形状"，设置填充色为 #68a8dc。按住 Shift 键在页面中绘制正圆，如图 5-15 和图 5-16 和图 5-17 所示。

**03** 绘制放大镜镜片。执行"图层"→"新建"→"图层"，新建图层。单击工具栏中的"椭圆工具"，在选项栏中选择工具模式为"形状"，设置填充色为白色。按住 Shift 键，在界面中绘制正圆，移动到合适的位置，如图 5-18 和图 5-19 所示。

图 5-14

图 5-15

图 5-16

图 5-17

图 5-18

图 5-19

04 绘制手柄。执行"图层"→"新建"→"图层",新建图层。单击工具栏中的"钢笔工具",在选项栏中选择工具模式为"形状",设置填充色为#ffb442。在界面上绘制手柄形状,如图5-20到图5-22所示。

图 5-20

图 5-21

图 5-22

05 绘制反光。单击工具栏中的"钢笔工具",在选项栏中选择工具模式为"形状",设置填充色为#9c928e。在界面上绘制反光形状,如图5-23到图5-25所示。

图 5-23

图 5-24

图 5-25

## 5.3　照相机图标设计

照相机简称相机，是一种利用光学成像原理形成影像并使用底片记录影像的设备。照相机图标是手机上经常使用的工具图标，如今，该类图标素材已经千变万化，各种元素都可以拿来作为图标设计样式。

### 5.3.1　设计构思

采用摄像头正面角度来表现照相机正对着观众拍摄，给人一种身临其境的感觉。设计时先制作浅色背景，然后通过比较鲜艳的颜色来表现相机机身，最后通过圆圈套圆圈的构图手法来表现摄像头的层次感和镜头感。

### 5.3.2　操作步骤

01　新建文件。执行"文件"→"新建"命令，在弹出的"新建"对话框中创建 800×800 像素的文档，背景内容为"白色"，完成后单击"创建"按钮，设前景色为蓝色(#8ae4e5)，按快捷键 Alt+Delete 填充颜色，如图 5-26 和图 5-27 所示。

图 5-26

图 5-27

02　绘制圆角矩形。单击工具栏中的"圆角矩形工具"，在选项栏中选择工具模式为"形状"，设置填充色为白色，不透明度为95%，绘制相机的框体，如图 5-28 和图 5-29 所示。

03　绘制椭圆。执行"图层"→"新建"→"图层"，新建图层。单击工具栏中的"椭圆工具"，在选项栏中选择工具模式为"形状"，设置填充色为 #ff7777，绘制一个小圆圈，如图 5-30 和图 5-31 所示。

04　绘制矩形。执行"图层"→"新建"→"图层"，新建图层。单击工具栏中的"圆角矩形工具"，在选项栏中选择工具模式为"形状"，设置填充色为 #5ca3e1，绘制一个矩形框，如图 5-32 和图 5-33 所示。

**图 5-28**

**图 5-29**

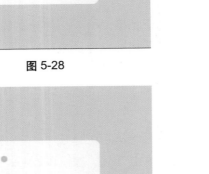

**图 5-30**

**图 5-31**

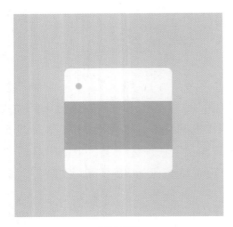

**图 5-32**

**图 5-33**

05 绘制中心椭圆。执行"图层"→"新建"→"图层",新建图层。单击工具栏中的"椭圆工具",在选项栏中选择工具模式为"形状",设置填充色为白色。按住 Shift 键,在页面中绘制正圆,如图 5-34 和图 5-35 所示。

图 5-34

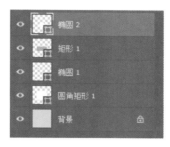

图 5-35

06 添加投影。在"椭圆 2"图层执行"添加图层样式" fx. →"投影",打开"图层样式"面板。调整"结构"参数,混合模式为"正片叠底",不透明度为 19%,角度为 90 度,距离为 6 像素,扩展为 0%,大小为 18 像素,如图 5-36 和图 5-37 所示。

图 5-36

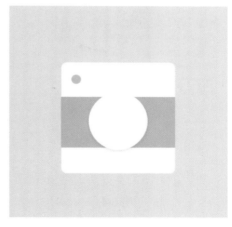

图 5-37

07 绘制同心椭圆。执行"图层"→"新建"→"图层",新建图层。单击工具栏中的"椭圆工具",在选项栏中选择工具模式为"形状",设置填充色为深蓝色 (#1e3567)。按住 Shift 键,在上一步绘制的椭圆中再绘制一个正圆,如图 5-38 和图 5-39 所示。

08 绘制椭圆。执行"图层"→"新建"→"图层",新建图层。单击工具栏中的"椭圆工具",在选项栏中选择工具模式为"形状",设置填充色为渐变色。按住 Shift 键,在上一步绘制的椭圆中再绘制一个正圆,如图 5-40 和图 5-41 和图 5-42 所示。

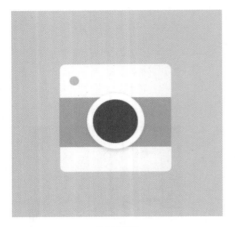

图 5-38

图 5-39

图 5-40

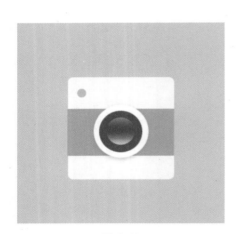

图 5-41

图 5-42

09 绘制椭圆。执行"图层"→"新建"→"图层",新建图层。单击工具栏中的"椭圆工具",在选项栏中选择工具模式为"形状",设置填充色为 #1e3567。按住 Shift 键,在上一步绘制的圆中再绘制一个正圆,如图 5-43 和图 5-44 所示。

10 绘制高光。执行"图层"→"新建"→"图层",新建图层。单击工具栏中的"椭圆工具",在选项栏中选择工具模式为"形状",设置填充色为白色。按住 Shift 键,在上一步绘制的圆中再绘制一个小小的圆形,如图 5-45 和图 5-46 所示。

11 绘制反光。执行"图层"→"新建"→"图层",新建图层。单击工具栏中的"椭圆工具",在选项栏中选择工具模式为"形状",设置填充色为白色。按住 Shift 键,在第 9 步绘制的圆中再绘制一个小小的圆形,如图 5-47 和图 5-48 所示。

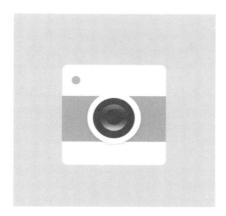

图 5-43

图 5-44

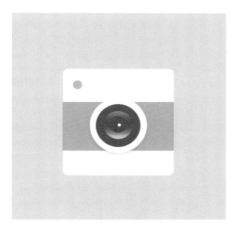

图 5-45

图 5-46

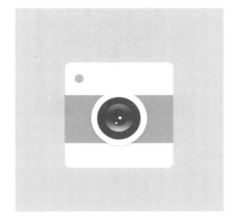

图 5-47

图 5-48

## 5.4 闹钟图标设计

闹钟是带有闹铃装置的钟表，既能显示时间，又能按照人们预定的时刻发出声音提示信号或者其他信号。闹钟是手机上常见的工具，人们在清晨的闹钟声中醒来，也通过它来设置各种提醒。

### 5.4.1 设计构思

本例制作闹钟图标。首先采用渐变叠加和投影来制作闹钟底座，之后用光影表现出闹钟底座的塑料质感，再通过灰白色质感的闹钟圆盘来衬托立体感，最后绘制出刻度和指针，还增加了闹钟指针和反光，营造出日常写实的氛围。

### 5.4.2 操作步骤

**01** 新建文件。执行"文件"→"新建"命令，在弹出的"新建"对话框中创建800×800像素的文档，背景内容为"白色"，完成后单击"创建"按钮。单击"背景"图层后面的锁头图标，单击工具栏中的"渐变工具"，为"图层0"添加渐变效果，在如图5-49和图5-50所示。

图 5-49 · · · · · · · · · · · · · · · · · · · · · · · · 图 5-50

**02** 绘制圆角矩形。执行"图层"→"新建"→"图层"，新建图层。单击工具栏中的"圆角矩形工具"，在选项栏中选择工具模式为"形状"，设置填充色为#ebebeb，绘制一个矩形框，如图5-51和图5-52所示。

**03** 添加内阴影。执行"添加图层样式" _fx._ →"内阴影"，打开"图层样式"面板。调整"结构"参数，混合模式为"正片叠底"，不透明度为18%，角度为90度，距离为7像素，扩展为0%，大小为0像素，如图5-53和图5-54所示。

图 5-51

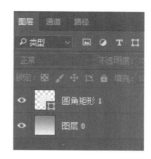

图 5-52

图 5-53

图 5-54

04 添加内发光。在打开的"图层样式"面板中选择内发光。调整"结构"参数，混合模式为"滤色"，不透明度为 34%，杂色为 0%。调整"图素"参数，方法为"柔和"，阻塞为 0%，大小为 21 像素。调整"品质"参数，范围为 44%，抖动为 0%，如图 5-55 和图 5-56 所示。

图 5-55

图 5-56

05 绘制椭圆。执行"图层"→"新建"→"图层"，新建图层。单击工具栏中的"椭圆工具"，在选项栏中选择工具模式为"形状"，设置填充色为#e4e4e4。按住 Shift 键，在界面中绘制正圆，如图 5-57 和图 5-58 所示。

图 5-57

图 5-58

06 添加描边。执行"添加图层样式"  →"描边"，打开"图层样式"面板。调整"结构"参数，大小为 3 像素，位置为"外部"，混合模式为"正常"，不透明度为 33%。填充类型为渐变，参数根据效果调节，如图 5-59 和图 5-60 所示。

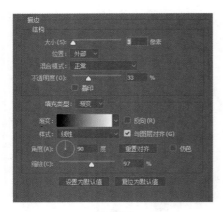

图 5-59

图 5-60

07 添加投影。在打开的"图层样式"面板选择投影。调整"结构"参数，混合模式为"正片叠底"，不透明度为 31%，角度为 90 度，距离为 6 像素，扩展为 0%，大小为 10 像素，如图 5-61 和图 5-62 所示。

08 绘制椭圆。执行"图层"→"新建"→"图层"，新建图层。单击工具栏中的"椭圆工具"，在选项栏中选择工具模式为"形状"，设置填充色为#d7d7d7。按住 Shift 键，在界面中绘制正圆，如图 5-63 和图 5-64 所示。

09 绘制同心圆。执行"图层"→"新建"→"图层"，新建图层。单击工具栏中的"椭圆工具"，在选项栏中选择工具模式为"形状"，设置填充色为 #e4e4e4。按住 Shift 键，在界面中绘制正圆，如图 5-65 和图 5-66 所示。

图 5-61

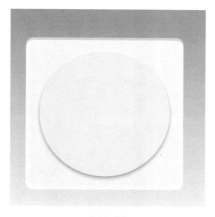

图 5-62

图 5-63

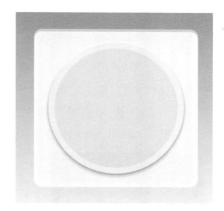

图 5-64

图 5-65

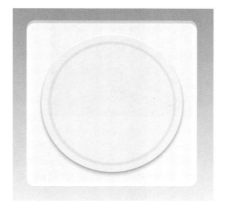

图 5-66

10 添加内发光。执行"添加图层样式" *fx.* →"内发光"，打开"图层样式"面板。调整"结构"参数，混合模式为"滤色"，不透明度为75%，杂色0%。调整"图素"参数，方法为"柔和"，阻塞为0%，大小为16像素；调整"品质"参数，范围为44%，抖动为0%，如图5-67和图5-68所示。

图 5-67

图 5-68

11 绘制同心圆。执行"图层"→"新建"→"图层"，新建图层。单击工具栏中的"椭圆工具"，在选项栏中选择工具模式为"形状"，设置填充色为#f5f5f5，按住 Shift 键，在界面中绘制正圆，如图5-69和图5-70所示。

图 5-69

图 5-70

12 添加内发光。执行"添加图层样式" *fx.* →"内发光"，打开"图层样式"面板。调整"结构"参数，混合模式为"正常"，不透明度为15%，杂色为0%；调整"图素"参数，方法为"柔和"，阻塞为18%，大小为21像素。调整"品质"参数，范围为43%，抖动为0%，如图5-71和图5-72所示。

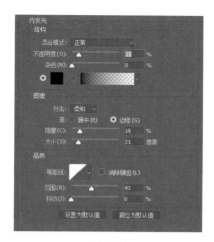

图 5-71

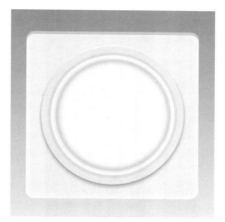

图 5-72

13 绘制圆角矩形。新建一个名为"表盘"的组。执行"图层"→"新建"→"图层"，新建图层。单击工具栏中的"圆角矩形工具"，在选项栏中选择工具模式为"形状"，设置填充色为 #5f5959，绘制一个矩形框，不透明度设为 90%，如图 5-73 和图 5-74 所示。

图 5-73

图 5-74

14 绘制刻度。按下 Ctrl + J 组合键复制圆角矩形，再按 Ctrl + T 组合键旋转圆角矩形，之后按 Enter 键结束操作。按 Shift + Ctrl + Alt + T 组合键，旋转并复制旋转圆角矩形，以同样的方法绘制其他刻度，如图 5-75 和图 5-76 所示。

15 绘制时针。单击工具栏中的"钢笔工具"按钮，在选项栏中选择工具的模式为"形状"，设置填充为渐变，绘制时针形状，如图 5-77 和到图 5-79 所示。

16 为时针添加投影。执行"添加图层样式" fx. →"投影"，打开"图层样式"面板。调整"结构"参数，混合模式为"正片叠底"，不透明度为 31%，角度为 90 度，距离为 6 像素，扩展为 0%，大小为 10 像素，如图 5-80 和图 5-81 所示。

图 5-75

图 5-76

图 5-77

图 5-78

图 5-79

17 绘制秒针和分针形状。单击工具栏中的"钢笔工具"按钮，在选项栏中选择工具的模式为"形状"，设置填充为渐变，绘制分针形状。再在图层样式中为分针添加投影，以同样的方法绘制秒针形状，如图 5-82 和图 5-83 所示。

18 绘制椭圆。执行"图层"→"新建"→"图层"，新建图层。单击工具栏中的"椭圆工具"，在选项栏中选择工具模式为"形状"，设置填充色为 #3a3737。按住 Shift 键，在界面中绘制正圆，如图 5-84 和图 5-85 所示。

图 5-80

图 5-81

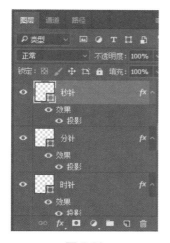

图 5-82

图 5-83

图 5-84

图 5-85

19 绘制椭圆。执行"图层"→"新建"→"图层"，新建图层。单击工具栏中的"椭圆工具"，在选项栏中选择工具模式为"形状"，设置填充色为#f9e43f。按住 Shift 键，在界面中绘制正圆，如图 5-86 和图 5-87 所示。

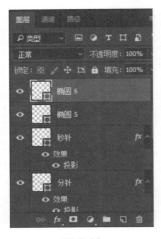

图 5-86

图 5-87

20 绘制闹钟针。单击工具栏中的"钢笔工具"按钮，在选项栏中选择工具的模式为"形状"，设置填充为#f9e43f，绘制闹钟针形状，如图 5-88 和图 5-89 所示。

图 5-88

图 5-89

21 添加投影。执行"添加图层样式" fx. →"投影"，打开"图层样式"面板。调整"结构"参数，混合模式为"正片叠底"，不透明度为 35%，角度为 90 度，距离为 8 像素，扩展 0%，大小为 4 像素，用同样的方法为第 18、19 步的椭圆添加投影，如图 5-90 和图 5-91 所示。

22 添加数字。单击工具栏中的"横版文字工具"，在选项栏中设置字体为"微软雅黑"，字号为 6，颜色为#3a3737，输入文字"12"，用相同的方法创建其他文字，如图 5-92 和图 5-93 所示。

图 5-90

图 5-91

图 5-92

23 添加反光。单击工具栏中的"钢笔工具"按钮，在选项栏中选择工具的模式为"形状"，设置填充为白色，绘制适合的反光形状，按 Enter 键确定编辑。把不透明度改为 35%，如图 5-94 和图 5-95 所示。

24 添加投影。在底座图层执行"添加图层样式" fx. →"投影"，打开"图层样式"面板。调整"结构"参数，混合模式为"正片叠底"，不透明度为 42%，角度为 90 度，距离为 6 像素，扩展为 0%，大小为 18 像素，如图 5-96 和图 5-97 所示。

图 5-93

图 5-94

图 5-95

149

图 5-96

图 5-97

25 添加阴影。单击工具栏中的"加深工具"，在"图层 0"的适当位置涂抹出阴影，使光影效果更加明显，如图 5-98 和图 5-99 所示。

图 5-98

图 5-99

## 5.5　简约平面图标整套设计

就一个手机界面来说，图标设计即是它的名片，更是它的灵魂所在，即所谓的"点睛"之处。整套图标设计需要保证风格统一，追求视觉效果，一定要在保证差异性、可识别性、统一性、协调性原则的基础上进行操作。

### 5.5.1　设计构思

本例是制作简约平面图标的整套设计。因为整套图标设计需要保证风格统一，所以本例，选择的风格是简约二维效果。本例中的图标主要是通过图层的不同堆积技巧来完成设计的，同时，每个图标的色彩风格也是保持高度统一的。

## 5.5.2　操作步骤

01 新建文件。执行"文件"→"新建"命令，在弹出的"新建"对话框中创建 800×800 像素的文档，背景内容为"白色"，完成后单击"创建"按钮，如图 5-100 和图 5-101 所示。

图 5-100

图 5-101

02 绘制圆角矩形。单击工具栏中的"圆角矩形工具"，在选项栏中选择工具模式为"形状"，设置填充色为 #7fdce6，如图 5-102 和图 5-103 所示。

图 5-102

图 5-103

03 绘制圆角矩形 2。执行"图层"→"新建"→"图层"，新建图层。单击工具栏中的"圆角矩形工具"，在选项栏中选择工具模式为"形状"，设置填充色为白色，绘制圆角矩形 2，如图 5-104 和图 5-105 所示。

图 5-104

图 5-105

**04** 绘制圆角矩形 3。执行"图层"→"新建"→"图层",新建图层。单击工具栏中的"圆角矩形工具",在选项栏中选择工具模式为"形状",设置填充色为白色,绘制圆角矩形 3,如图 5-106 和图 5-107 所示。

图 5-106

图 5-107

**05** 绘制圆角矩形 4。执行"图层"→"新建"→"图层",新建图层。单击工具栏中的"圆角矩形工具",在选项栏中选择工具模式为"形状",设置填充色为白色,绘制圆角矩形 4,如图 5-108 和图 5-109 所示。

图 5-108

图 5-109

**06** 绘制圆角矩形 5。执行"图层"→"新建"→"图层",新建图层。单击工具栏中的"圆角矩形工具",在选项栏中选择工具模式为"形状",设置填充色为白色,绘制圆角矩形 5,如图 5-110 和图 5-111 所示。

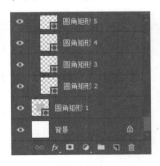

图 5-110

图 5-111

**07** 绘制形状 1。执行"图层"→"新建"→"图层",新建图层。单击工具栏中的"钢笔工具"按钮,在选项栏中选择工具的模式为"形状",设置填充为白色,绘制形状 1,从而完成本图标的制作，效果如图 5-112 和图 5-113 所示。

图 5-112

图 5-113

08 绘制圆角矩形。下面绘制一个新的图标，执行"图层"→"新建"→"图层"，新建图层。单击工具栏中的"圆角矩形工具"，在选项栏中选择工具模式为"形状"，设置填充色为白色，绘制圆角矩形，如图 5-114 和图 5-115 所示。

图 5-114

图 5-115

09 创建文字图层。单击工具栏中的"横版文字工具"，在选项栏中设置字体为"宋体"，颜色为 #7fdce6，字号为 72，输入文字"23"，换行，字号改为 18，输入文字"Monday"，如图 5-116 和图 5-117 所示。

图 5-116

图 5-117

10　绘制矩形。执行"图层"→"新建"→"图层"，新建图层。单击工具栏中的"矩形工具"，在选项栏中选择工具模式为"形状"，设置填充色为#7fdce6，绘制矩形。按Ctrl+J组合键复制矩形，移动到对应位置，如图5-118和图5-119所示。

图 5-118

图 5-119

11　绘制矩形。执行"图层"→"新建"→"图层"，新建图层。单击工具栏中的"矩形工具"，在选项栏中选择工具模式为"形状"，设置填充色为#565759，绘制矩形，如图5-120和图5-121所示。

图 5-120

图 5-121

12　绘制椭圆。执行"图层"→"新建"→"图层"，新建图层。单击工具栏中的"椭圆工具"，在选项栏中选择工具模式为"形状"，设置填充色为#565759，绘制椭圆。按Ctrl+J组合键复制矩形，移动到对应位置，如图5-122和图5-123所示。

13　盖印图层。关掉背景图层，把图层前面的眼睛图标隐藏，如图5-124和图5-125所示。按Ctrl＋Shift＋Alt＋E组合键，盖印日历，形成图层1。

图 5-122

图 5-123

图 5-124

图 5-125

14 变形。在图层 1 中，单击工具栏中的"矩形选框工具"，选择日历的下半部分，按 Ctrl + T 组合键，右击鼠标，选择"变形"命令，对日历进行变形，如图 5-126 和图 5-127 所示。

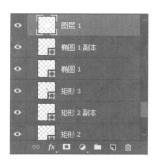

图 5-126

图 5-127

15 复制变形后的图层。单击工具栏中的"矩形选框工具"，选择日历的下半部分，按 Ctrl + J 组合键，复制已变形的下部分日历，如图 5-128 和图 5-129 所示。

16 添加描边。执行"添加图层样式" *fx.* →"描边"，打开"图层样式"面板。调整"结构"参数，大小为 1 像素，位置为"外部"，混合模式为"正常"，不透明度为 16%，填充类型为渐变，参数根据效果调节，如图 5-130 和图 5-131 所示。

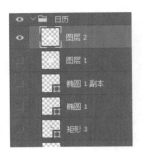

图 5-128

图 5-129

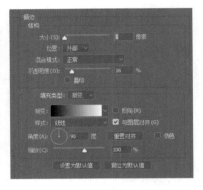

图 5-130

图 5-131

17 添加内发光。在"图层样式"面板中，选择"内发光"选项，调整"结构"参数，混合模式为"正常"，不透明度为5%。调整"图素"参数，方法为"柔和"，阻塞为0，大小为5像素。调整"品质"参数，范围为50%，抖动为0%。单击"确定"按钮，完成这个图标，如图5-132和图5-133所示。

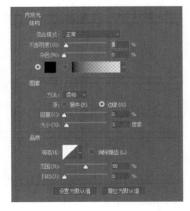

图 5-132

图 5-133

18 下面绘制一个新的图标。执行"图层"→"新建"→"图层"，新建图层。单击工具栏中的"圆角矩形工具"，在选项栏中选择工具模式为"形状"，设置填充色为白色，绘制圆角矩形，如图 5-134 和图 5-135 所示。

图 5-134

图 5-135

19 添加投影。执行"添加图层样式" fx. →"投影"，打开"图层样式"面板。调整"结构"参数，混合模式为"正片叠底"，不透明度为 42%，角度为 90 度，距离为 1 像素，扩展为 0%，大小为 24 像素，如图 5-136 和图 5-137 所示。

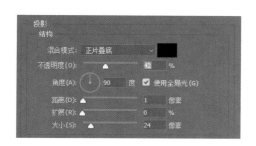

图 5-136

图 5-137

20 执行"图层"→"新建"→"图层"，新建图层。单击工具栏中的"矩形工具"，在选项栏中选择工具模式为"形状"，设置填充色为 # 7fdce6，绘制矩形，如图 5-138 和图 5-139 所示。

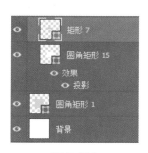

图 5-138

图 5-139

21 添加投影。执行"添加图层样式" fx. →"投影"，打开"图层样式"面板。调整"结构"参数，混合模式为"正片叠底"，不透明度为 53%，角度为 90 度，距离为 1 像素，扩展为 0%，大小为 4 像素，如图 5-140 和图 5-141 所示。

图 5-140

图 5-141

22 绘制形状。单击工具栏中的"钢笔工具",填充设为空,描边像素为1,绘制一条直线,将不透明度改为81%,如图 5-142 和到图 5-144 所示。

图 5-142

图 5-143

图 5-144

23 绘制椭圆。执行"图层"→"新建"→"图层",新建图层。单击工具栏中的"椭圆工具",在选项栏中选择工具模式为"形状",设置填充色为#7fdce6,绘制椭圆形状,如图 5-145 和图 5-146 所示。

图 5-145

图 5-146

24 绘制椭圆。执行"图层"→"新建"→"图层"，新建图层。单击工具栏中的"椭圆工具"，在选项栏中选择工具模式为"形状"，设置填充色为#64add5，绘制椭圆形状，如图 5-147 和图 5-148 所示。

图 5-147

图 5-148

25 绘制椭圆。执行"图层"→"新建"→"图层"，新建图层。单击工具栏中的"椭圆工具"，在选项栏中选择工具模式为"形状"，设置填充色为#5f5959，绘制椭圆形状，如图 5-149 和图 5-150 所示。

图 5-149

图 5-150

26 绘制形状。单击工具栏中的"钢笔工具"，填充设为空，描边像素为 1，颜色为#7fdce6，绘制形状，从而完成本图标的绘制工作，如图 5-151 到图 5-153 所示。

图 5-151

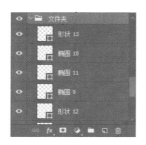

图 5-152

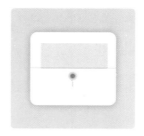

图 5-153

27 绘制形状。执行"图层"→"新建"→"图层",新建图层。单击工具栏中的"钢笔工具"按钮,在选项栏中选择工具的模式为"形状",设置填充为#a2a099,绘制形状,如图5-154和图5-155所示。

图 5-154

图 5-155

28 绘制形状。执行"图层"→"新建"→"图层",新建图层。单击工具栏中的"钢笔工具"按钮,在选项栏中选择工具的模式为"形状",设置填充为#595a5c,绘制形状,如图5-156和图5-157所示。

图 5-156

图 5-157

29 绘制形状。执行"图层"→"新建"→"图层",新建图层。单击工具栏中的"钢笔工具"按钮,在选项栏中选择工具的模式为"形状",设置填充为#d9d7c7,绘制形状,如图 5-158 和图 5-159 所示。

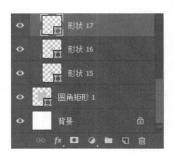

图 5-158

图 5-159

30 绘制形状。执行"图层"→"新建"→"图层",新建图层。单击工具栏中的"钢笔工具"按钮，在选项栏中选择工具的模式为"形状"，设置填充为 #d9d7c7，绘制形状，从而完成本图标的绘制工作，如图 5-160 和图 5-161 所示。

图 5-160

图 5-161

<img>31</img> 绘制矩形。下面再设计一款新图标。执行"图层"→"新建"→"图层"，新建图层。单击工具栏中的"矩形工具"，在选项栏中选择工具模式为"形状"，设置填充色为白色，绘制矩形，如 5-162 和图 5-163 所示。

图 5-162

图 5-163

<img>32</img> 绘制多边形。执行"图层"→"新建"→"图层"，新建图层。单击工具栏中的"多边形工具"，在选项栏中选择工具模式为"形状"，设置填充色为白色，边数为 3，绘制多边形，如图 5-164 和图 5-165 所示。

图 5-164

图 5-165

<img>33</img> 复制图层。按住 Shift 键，选择"矩形 5"图层和"多边形 2"图层，按 Ctrl + J 组合键复制这两个图层。执行 Ctrl + T 组合键，对这两个图层进行转换和移动，如图 5-166 和

图 5-167 所示。

图 5-166

图 5-167

34 复制图层。按住 Shift 键，选择两个复制图层，按 Ctrl + J 组合键复制这两个图层。右击鼠标，选择"合并图层"命令。将前景色设为浅蓝色 #7fdce6，按住 Ctrl 键单击合并图层，调出选区。执行 Alt + Delete 组合键填充前景色，执行 Ctrl + T 组合键进行转换和移动，如图 5-168 和图 5-169 所示。

图 5-168

图 5-169

35 绘制形状。执行"图层"→"新建"→"图层"，新建图层。单击工具栏中的"钢笔工具"按钮，在选项栏中选择工具的模式为"形状"，设置填充为 #7fdce6，绘制形状，如图 5-170 和图 5-171 所示。

图 5-170

图 5-171

36 绘制矩形。执行"图层"→"新建"→"图层"，新建图层。单击工具栏中的"矩形工具"，在选项栏中选择工具模式为"形状"，设置填充色为 #565759，绘制矩形。按 Ctrl＋J 组合键复制图层，将图形移动到相应位置，从而完成本款图标的设计工作，如图 5-172 和图 5-173 所示。

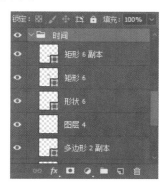

图 5-172

图 5-173

37 更多效果。浏览已绘制完成的图标，记住并总结所用的方法，之后利用相似的方法绘制更多的图标，如图 5-174 所示。

图 5-174

## 5.6 设计师必备技能：图标大小选择

APP 的图标 (Icon) 指程序启动图标、底部菜单图标、弹出对话框顶部图标、长列表内部列表项图标和底部或顶部 Tab 标签图标。所以 Icon 指的是所有这些图片的集合。

Icon 同样采上节介绍的屏幕密度制约，屏幕密度分为 iDPI( 低 )、mDPI( 中等 )、hDPI( 高 )、xhDPI( 特高 ) 四种，如表 5-1 所示为 Android 系统屏幕密度的标准尺寸。

表 5-1　Android 系统屏幕密度的标准尺寸

| Icon 类型 | 屏幕密度标准尺寸 | | | |
|---|---|---|---|---|
| Android | 低密度 IDPI | 中密度 mDPI | 高密度 hDPI | 特高密度 xHDPI |
| Launcher | 36px × 36px | 48px × 48px | 72px × 72px | 96px × 96px |
| Menu | 36px × 36px | 48px × 48px | 72px × 72px | 96px × 96px |
| Status Bar | 24px × 24px | 32px × 32px | 48px × 48px | 72px × 72px |
| List View | 24px × 24px | 32px × 32px | 48px × 48px | 72px × 72px |
| Tab | 24px × 24px | 32px × 32px | 48px × 48px | 72px × 72px |
| Dialog | 24px × 24px | 32px × 32px | 48px × 48px | 72px × 72px |

注：Launcher：程序主界面　Menu：菜单栏　Status Bar: 状态栏　List View：列表显示　Tab：切换、标签　Dialog：对话框

iPhone 的屏幕密度默认为 mDPI，所以没有 Android 分得那么详细，按照手机、设备版本的类型进行划分就可以了，如表 5-2 所示。

表 5-2　iPhone 系统屏幕密度的标准尺寸

| Icon 类型 | 屏幕标准尺寸 | | | |
|---|---|---|---|---|
| 版本 | iPhone3 | iPhone4 | iPod touch | iPad |
| Launcher | 57px × 57px | 114px × 114px | 57px × 57px | 72px × 72px |
| APP Store 建议 | 512px × 512px | 512px × 512px | 512px × 512px | 512px × 512px |
| 设置 | 29px × 29px | 29px × 29px | 29px × 29px | 29px × 29px |
| Spotlighe 搜索 | 29px × 29px | 29px × 29px | 29px × 29px | 50px × 50px |

Windows Phone 的图标标准非常简洁和统一，对应设计师来说是最容易上手的，如表 5-3 所示。

表 5-3　Windows Phone 系统屏幕密度标准尺寸

| Icon 类型 | 屏幕标准尺寸 |
|---|---|
| 应用工具栏 | 48px × 48px |
| 主菜单图标 | 173px × 173px |

# 第6章

## APP 中的三维 Icon 设计

本章主要收录了五个三维图标（Icon）的实战案例，包括简约风和复古风，主要利用图层样式的叠加来表现立体三维效果。通过本章的学习，可以使读者更熟练地灵活运用各种图层样式。

## 关键知识点：

三维图标表现
图层样式应用
各种材质表现
图标设计过程

## 6.1 音乐图标设计

音乐图标是手机上必不可少的工具图案。音乐是用有组织的乐音来表达人们思想情感、反映现实生活的一种艺术，它使人感觉到放松舒适，因此，音乐图标的制作也应该以舒适、放松为重点进行创作。

### 6.1.1 设计构思

本例中我们要制作的音乐图标外观简单、布局清晰，给人以简单快捷、复古舒适的感觉，营造出一种古典音乐的氛围。首先选择洁净整洁的白色，制造出一种舒适的图标底座；其次选择复古磁盘做底，营造出一种复古的感觉；再搭配上标准的音乐图标，进一步突出主题；最后配以简单实用的按钮营造轻松愉快的氛围，紧扣音乐图标主题。

### 6.1.2 操作步骤

01 新建文件。执行"文件"→"新建"命令，在弹出的"新建"对话框中创建 800×800 像素的文档，背景内容为"白色"，完成后单击"创建"按钮，如图 6-1 所示。

02 制作渐变背景。在工具栏中选择"渐变工具"，前景色设为灰色 #6e6b6b，渐变选择"前景色到透明渐变"，拉出渐变的背景色，如图 6-2 和图 6-3 所示。

图 6-1

图 6-2

图 6-3

03 绘制椭圆。单击工具栏中的"椭圆工具"，在选项栏中选择工具模式为"形状"，设置填充色为渐变，过渡颜色为 #2d2a28，样式为"径向"。按住 Shift 键在页面中绘制正圆，将正圆移动到中间位置，如图 6-4 和图 6-5 所示。

图 6-4

图 6-5

**04** 颜色叠加。执行"添加图层样式" fx. →"颜色叠加",打开"图层样式"面板。调整"颜色"参数,混合模式为"线性光",颜色为 #b5b6ba,不透明度为 16%,如图 6-6 和图 6-7 所示。

图 6-6

图 6-7

**05** 添加投影。在"图层样式"面板中,选择投影。修改结构参数,混合模式为"正常",颜色为黑色,不透明度为 20%,角度为 90 度,距离为 12 像素,扩展为 0,大小为 27 像素,如图 6-8 和图 6-9 所示。

图 6-8

图 6-9

**06** 复制图层。执行 Ctrl + J 组合键,新建椭圆图层。单击鼠标右键,选择"清除图层样式"命令，如图 6-10 和图 6-11 所示。

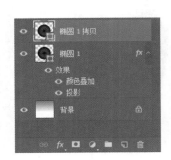

图 6-10

图 6-11

07 滤镜。右击复制图层，选择"栅格化图层"，执行"滤镜"→"杂色"→"添加杂色"，数量为 3.92%，分布为"平均分布"，单击"确定"按钮，将图层不透明度设为 80%，完成操作，如图 6-12 和图 6-13 所示。

图 6-12

图 6-13

08 绘制形状。单击工具栏中的"钢笔工具"按钮，在选项栏中选择工具的模式为"形状"，设置填充为 #e02620，绘制出形状，如图 6-14 和图 6-15 所示。

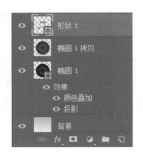

图 6-14

图 6-15

09 添加斜面和浮雕。在形状图层执行"添加图层样式"→"斜面和浮雕",打开"图层样式"对话框。调整"结构"参数,样式为"枕状浮雕",方法为"平滑",深度为 220,方向为"上",大小为 24 像素,软化为 4;调整"阴影"参数,角度为 90,高度为 30,高光模式为"滤色",不透明度为 24%,阴影模式为"正片叠底",不透明度为 36,如图 6-16 和图 6-17 所示。

图 6-16

图 6-17

10 添加光泽。在"图层样式"面板中,选择"光泽"。修改"结构"参数,混合模式为"正片叠底",不透明度为 33%,角度为 90 度,距离为 69 像素,大小为 221 像素,勾选"消除锯齿"和"反相",如图 6-18 和图 6-19 所示。

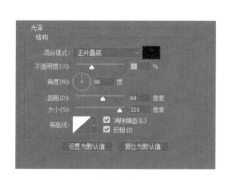

图 6-18

图 6-19

11 添加外发光。在"图层样式"面板中,选择"外发光"。修改"结构"参数,混合模式为"滤色",不透明度为 17%。修改"图素"参数,方法为"柔和",扩展为 0,大小为 9 像素,如图 6-20 和图 6-21 所示。

12 添加投影。在"图层样式"面板中选择投影。修改结构参数,混合模式为"正片叠底",颜色为黑色,不透明度为 63%,角度为 90 度,距离为 29 像素,扩展为 28,大小为 5 像素,如图 6-22 和图 6-23 所示。

图 6-20

图 6-21

图 6-22

图 6-23

图 6-24

13 绘制椭圆。单击工具栏中的"椭圆工具",在选项栏中选择工具模式为"形状",设置填充色为 #b5b6ba,按住 Shift 键,在界面中绘制正圆,如图 6-24 和图 6-25 所示。

图 6-25

14　绘制椭圆。单击工具栏中的"椭圆工具"，在选项栏中选择工具模式为"形状"，设置填充色为 #ffffff，按住 Shift 键，在界面中绘制正圆，如图 6-26 和图 6-27 所示。

图 6-26

图 6-27

15　添加描边。在椭圆 2 图层执行"添加图层样式"→"描边"，打开"图层样式"面板。调整"结构"参数，大小为 2 像素，位置为"内部"，混合模式为"正常"，不透明度为 40%，填充类型为"渐变"，样式为"线性"，如图 6-28 和图 6-29 所示。

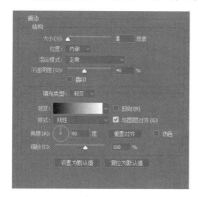

图 6-28

图 6-29

16　绘制多边形，单击工具栏中的"多边形工具"，在选项栏中选择工具模式为"形状"，设置填充色为 #b5b6ba，边数为 3，绘制多边形，如图 6-30 和图 6-31 所示。

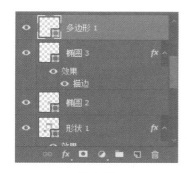

图 6-30

图 6-31

17 复制图层。按 Ctrl + J 组合键复制多边形图层，移动到相应的位置。执行同样的步骤复制两次，按 Ctrl + T 组合键转换方向，如图 6-32 和图 6-33 所示。

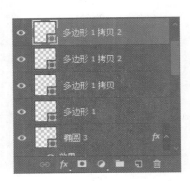

图 6-32

图 6-33

18 输入符号。单击工具栏中的"横排文字工具"，输入加号，字体为"宋体"，字号为 23，颜色为 #b5b6ba，用同样的方法绘制减号，结束图标的绘制，如图 6-34 和图 6-35 所示。

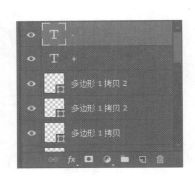

图 6-34

图 6-35

## 6.2　录音器图标设计

录音器图标是手机上经常遇到的工具图案，录音器图标应该简洁明了、注重细节、操作简单，给用户高质量的感觉。

### 6.2.1　设计构思

本例中的录音器图标以复古为主体，大红的帷幔加上复古的话筒，让人如置身于 20 世纪 30 年代大上海歌舞厅，轻松营造出热情的氛围。首先以大红帷幔做背景，然后加上很有感觉的灯光，最后加上画龙点睛的复古话筒，一副创意无限的作品就完成了。

## 6.2.2　操作步骤

**01** 新建文件。执行"文件"→"新建"命令，在弹出的"新建"对话框中创建 800×800 像素的文档，背景内容为"白色"，完成后单击"创建"按钮，如图 6-36 所示。

**02** 添加渐变叠加。单击背景图层后面的锁头图标，解锁当前图层。执行"添加图层样式"→"渐变叠加"，打开"图层样式"面板。调整"渐变"参数，混合模式为"正常"，样式为"线性"，如图 6-37 和图 6-38 所示。

**03** 绘制圆角矩形。单击工具栏中的"圆角矩形工具"，在选项栏中选择工具模式为"形状"，设置填充色为 #ffffff，绘制 400×400 像素的圆角矩形，如图 6-39 和图 6-40 所示。

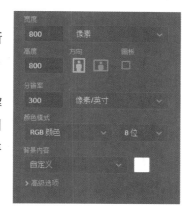

图 6-36

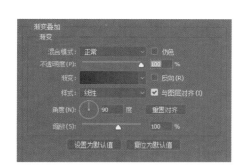

图 6-37

图 6-38

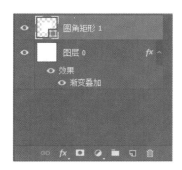

图 6-39

图 6-40

**04** 打开文件。执行"文件"→"打开"，打开"帷幔.jpg"图片。执行"图像"→"图像大小"，将宽度和高度修改为 400 像素，单击"确定"按钮，如图 6-41 和图 6-42 所示。

图 6-41

图 6-42

05 导入素材。将帷幔素材拖曳至场景文件中，移动到合适的位置，右键单击图层，选择"创建剪贴蒙版"命令，如图 6-43 和图 6-44 所示。

图 6-43

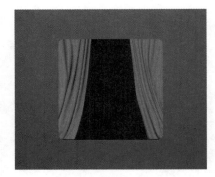

图 6-44

06 绘制形状。将前景色设为白色，单击工具栏中的"钢笔工具"，在选项栏中选择工具的模式为"形状"，设置填充为 #ffffff，绘制出舞台灯光的形状，如图 6-45 和图 6-46 所示。

图 6-45

图 6-46

07 修饰灯光。单击形状图层下面的"添加图层蒙版 ▣"按钮，为图层添加图层蒙版。选择工具栏中的"渐变工具"，将前景色设为黑色，为图层蒙版添加渐变。右键单击图层，选择"创建剪贴蒙版"命令，如图 6-47 和图 6-48 所示。

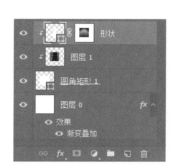

图 6-47

图 6-48

08 执行"文件"→"打开"命令，在弹出的对话框中，选择素材并打开，将其拖曳至场景文件中，自由变换大小，移动到合适的位置，如图 6-49 和图 6-50 所示。

图 6-49

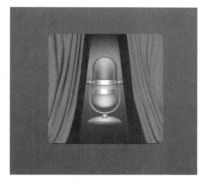

图 6-50

09 添加投影。执行"添加图层样式"→"渐变叠加"，打开"图层样式"面板。调整"结构"参数，混合模式为"正常"，距离为 10 像素，扩展为 0，大小为 8 像素，如图 6-51 和图 6-52 所示。

图 6-51

图 6-52

10 复制图层。执行"图层"→"复制图层",复制麦克风,按 Ctrl + T 组合键,把图层转换到麦克风的倒影位置,如图 6-53 和图 6-54 所示。

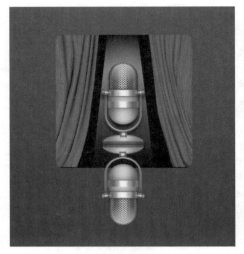

图 6-53
图 6-54

11 制作倒影。将图层的不透明度设为 20%。单击图层下面的"添加图层蒙版"▣按钮,为图层添加图层蒙版。选择工具栏中的"渐变工具",将前景色设为黑色,为图层蒙版添加渐变,如图 6-55 和图 6-56 所示。

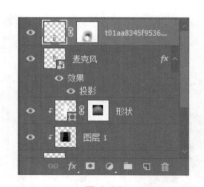

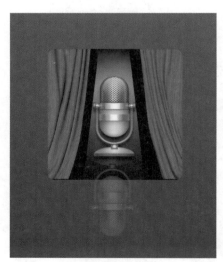

图 6-55
图 6-56

12 使用画笔工具。在图层蒙版中,将前景色设为黑色,单击工具栏中的画笔工具,把超出帷幔部分的麦克风倒影擦掉,如图 6-57 和图 6-58 所示。

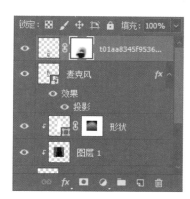

图 6-57

图 6-58

# 6.3 电话簿图标设计

电话簿图标是手机上必不可少的工具图案，它是人们用来记录亲人、朋友电话的工具，其作为手机的基本功能之一，每天都被我们频繁地使用着。电话簿图标设计应该向个性化、人性化的方向发展。

## 6.3.1 设计构思

本例我们将制作一个电话簿图标，该图标采用牛皮纸或皮革的色彩，周边使用金属渐变色的环扣作为装饰，中间的褐色图标造型简洁明了，营造出复古、沉稳、大气、有年代感的氛围。

## 6.3.2 操作步骤

01 新建文件。执行"文件"→"新建"命令，在弹出的"新建"对话框中创建 600×800 像素的文档，背景内容为"白色"，完成后单击"创建"按钮，如图 6-59 所示。

02 填充颜色。设置前景色为灰色 #e1e1e1，按 Alt + Delete 组合键，填充前景色，如图 6-60 和图 6-61 所示。

03 绘制圆角矩形。单击工具栏中的"圆角矩形工具"，在选项栏中选择工具模式为"形状"，设置填充色为 #d8ba96，绘制圆角矩形，如图 6-62 和图 6-63 所示。

图 6-59

图 6-60

图 6-61

图 6-62

图 6-63

04 添加内发光。执行"添加图层样式"→"内发光",打开"图层样式"面板。调整"结构"参数,混合模式为"正常",不透明度为100%,杂色为0,颜色为#d5b992;修改"图素"参数,方法为"柔和",阻塞为42%,大小为17像素,如图6-64和图6-65所示。

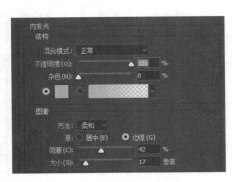

图 6-64

图 6-65

05　添加渐变叠加。在打开的"图层样式"面板中，选择"渐变叠加"。修改"渐变"参数，混合模式为"正常"，不透明度为 100%，样式为"线性"，角度为 90 度，缩放为 85%，如图 6-66和图 6-67 所示。

图 6-66

图 6-67

06　绘制矩形。单击工具栏中的"矩形工具"，在选项栏中选择工具模式为"形状"，设置填充色为 #d8a7d6，绘制矩形，如图 6-68 和图 6-69 所示。

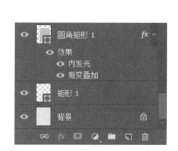

图 6-68

图 6-69

07　绘制矩形。根据上面的步骤，继续绘制两个矩形，颜色填充分别为 #73d790 和#dde04b，分别移动到合适的位置，如图 6-70 和图 6-71 所示。

08　绘制圆角矩形。单击工具栏中的"圆角矩形工具"，在选项栏中选择工具模式为"形状"，设置填充色为 #898788，绘制圆角矩形，如图 6-72 和图 6-73 所示。

09　绘制椭圆。单击工具栏工具中的"椭圆工具"，在选项栏中选择工具模式为"形状"，设置填充色为 #e2e2e2，绘制椭圆，如图 6-74 和图 6-75 所示。

10　绘制圆角矩形。单击工具栏中的"圆角矩形工具"，在选项栏中选择工具模式为"形状"，设置填充色渐变，绘制圆角矩形，如图 6-76 和图 6-77 所示。

图 6-70

图 6-71

图 6-72

图 6-73

图 6-74

图 6-75

图 6-76

图 6-77

11 绘制形状。单击工具栏中的"钢笔工具"，在选项栏中选择工具模式为"形状"，设置填充色为 #f2efea，绘制高光形状。设置填充色为 #a27a70，绘制形状 2，如图 6-78 和图 6-79 所示。

图 6-78

图 6-79

12 绘制形状。单击工具栏中的"钢笔工具"，在选项栏中选择工具模式为"形状"，设置填充色为 #a27a70，绘制形状，如图 6-80 和图 6-81 所示。

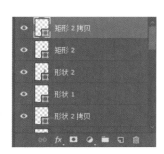

图 6-80

图 6-81

13 添加外发光。合并话筒形状，执行"添加图层样式"→"外发光"，打开"图层样式"面板。调整"结构"参数，混合模式为"滤色"，不透明度为61%，填充颜色为#f2cea3，方法为"柔和"，扩展为1%，大小为40像素，如图6-82和图6-83所示。

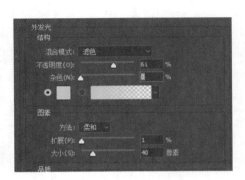

图 6-82

图 6-83

## 6.4　立体勾选框图标设计

立体勾选框图标是手机上经常遇到的工具图案，干净利落的线条和形状是该类图标设计的固有套路。在设计时要遵循线条干净利落、颜色简洁单一等要求，以便让用户看到图标时能够感知、想象、理解图标的意思。

### 6.4.1　设计构思

本例中制作的是立体勾选框。以侧面的视角来设计图标。首先以白色的边框打造出干净利落的立体边框效果，之后再添加光影以及影使其更加逼真完美，最后搭配以红色的立体对勾图标，使画面看起来主体明确、简洁明了。

### 6.4.2　操作步骤

01 新建文件。执行"文件"→"新建"命令，在弹出的"新建"对话框中创建3×2英寸的文档，背景内容为"白色"，完成后单击"创建"按钮，如图6-84所示。

02 填充渐变颜色。将前景色设为灰色#e1e1e1，单击工具栏中的"渐变工具"按钮，在背景图层填充渐变，如图6-85和图6-86所示。

图 6-84

图 6-85

图 6-86

03 绘制矩形。单击工具栏中的"矩形工具"按钮，在选项栏中选择工具的模式为"形状"，设置填充色为白色 (#ffffff)，绘制形状，如图 6-87 和图 6-88 所示。

图 6-87                                        图 6-88

04 绘制矩形。再次单击工具栏中的"矩形工具"按钮，在选项栏中选择工具的模式为"形状"，设置填充色为白色 (#ffffff)，绘制形状，选中矩形 1 和矩形 2 图层，按 Ctrl +E 组合键合并形状，如图 6-89 和图 6-90 所示。

图 6-89                                        图 6-90

05 绘制边框。单击工具栏中的"直接选择工具"，选择内边框，在选项栏中选择"减去顶层形状"按钮，得到边框图层。按 Ctrl + T 组合键，右击，选择"扭曲"工具，对边框进行变形，如图 6-91 和图 6-92 所示。

图 6-91

图 6-92

06 绘制形状。新建图层，单击工具栏中的"钢笔工具"按钮，在选项栏中选择工具的模式为"形状"，设置填充色为 #a99d9f，绘制形状，如图 6-93 和图 6-94 所示。

图 6-93

图 6-94

07 绘制形状。新建图层，单击工具栏中的"钢笔工具"按钮，在选项栏中选择工具的模式为"形状"，设置填充色为渐变，渐变色为 #bfbfbf 到 #e1e1e1，绘制形状，如图 6-95 和图 6-96 所示。

图 6-95

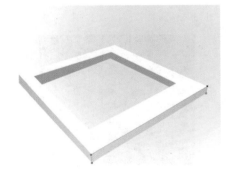

图 6-96

08 绘制阴影。选择"背景"图层，单击"创建新图层"按钮新建图层，单击工具栏中的"画笔工具"按钮，在选项栏中选择"柔角画笔"，不透明度为10%，绘制阴影，如图 6-97 和图 6-98 所示。

图 6-97                                    图 6-98

09 绘制对勾。新建图层，单击工具栏中的"钢笔工具"按钮，在选项栏中选择工具的模式为"形状"，设置填充色为 #a41e29，绘制形状，得到"形状 4"图层，如图 6-99 和图 6-100 所示。

图 6-99                                    图 6-100

10 添加斜面和浮雕。在形状图层执行"添加图层样式"→"斜面和浮雕"，打开"图层样式"面板。调整"结构"参数，样式为"内斜面"，方法为"平滑"，深度为388，方向为"上"，大小为18像素，软化为0；调整"阴影"参数，角度为90，高度为42，高光模式为"滤色"，不透明度为75%，阴影模式为"正片叠底"，不透明度为75，如图 6-101 和图 6-102 所示。

11 添加内阴影。在打开的"图层样式"面板中，选择"内阴影"。调整"结构"参数，混合模式为"正片叠底"，颜色为 #f66b6b，不透明度为75%，角度为90，距离为36像素，阻塞为24%，大小为98像素，如图 6-103 和图 6-104 所示。

12 添加渐变叠加。在打开的"图层样式"面板中，选择"渐变叠加"。调整"渐变"参数，混合模式为"正常"，样式为"线性"，角度为90度，如图 6-105 和图 6-106 所示。

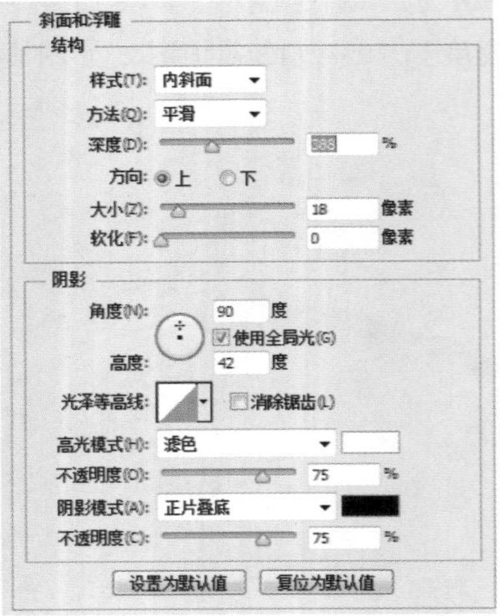

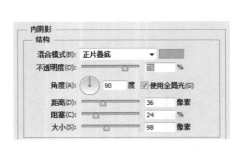

图 6-101

图 6-102

图 6-103

图 6-104

图 6-105

图 6-106

**13** 添加外发光。在打开的"图层样式"面板中，选择"外发光"。调整"结构"参数，混合模式为"滤色"，不透明度 100%，颜色为 #e8e8e8，方法为"柔和"，扩展为 0，大小为 5 像素，如图 6-107 和图 6-108 所示。

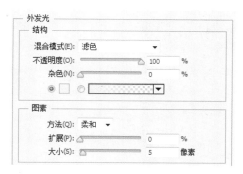

图 6-107

图 6-108

14 添加投影。在打开的"图层样式"面板中，选择"投影"。调整"结构"参数，混合模式为"正片叠底"，不透明度为 30%，角度为 90 度，距离为 17 像素，扩展为 16%，大小为 35 像素，如图 6-109 和图 6-110 所示。

图 6-109

图 6-110

15 绘制形状。新建图层，单击工具栏中的"钢笔工具"按钮，在选项栏中选择工具的模式为"形状"，设置填充色为 #96101b，绘制形状，得到"形状 5"图层，如图 6-111 和图 6-112 所示。

图 6-111

图 6-112

16 盖印图层。关闭背景图层前的眼睛图标，选中最上方图层，按 Shift + Alt + Ctrl + E 组合键盖印所有图层，按 Ctrl +T 组合键，自由变化图标大小，移动到右上方，之后打开背景图层前的眼睛图标，如图 6-113 和图 6-114 所示。

图 6-113                              图 6-114

## 6.5 实体手机设计

一个界面的首页美观与否，往往是初次来访的用户决定是否进入并深入浏览的关键因素，一套制作精良的图标设计，可以传达丰富的产品信息，一般要求简单醒目，在有限的方寸之地，除了表达出一定的形象与信息外，还要兼顾美观与协调。

### 6.5.1 设计构思

首先通过手机上的按钮、音响等细节来表现手机的黑色塑料质感，然后通过高光和过渡色来表现玻璃，最后通过屏幕的制作，使手机更加逼真和生动。

### 6.5.2 操作步骤

01 新建文件。执行"文件"→"新建"命令，在弹出的"新建"对话框中，创建2英寸×3英寸的文档，背景内容为"白色"，如图 6-115 所示，完成后单击"创建"按钮。

02 绘制圆角矩形。单击工具栏中的"圆角矩形工具"，在选项栏中选择工具模式为"形状"，绘制圆角矩形，参数如图 6-116 和图 6-117 所示。

03 添加外发光。在形状图层执行"添加图层样式"→"外发光"，打开"图层样式"面板。调整"结构"参数，混合模式为"正常"，不透明度为71%，杂色为0，填充为渐变，渐变色为

图 6-115

#716f6d 到 #8a8987，方法为"柔和"，扩展为 43%，大小为 4 像素，如图 6-118 和图 6-119 所示。

图 6-116

图 6-117

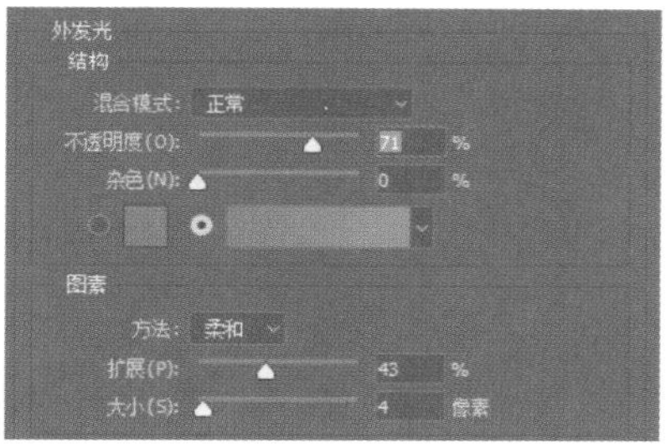

图 6-118

图 6-119

04　添加描边。在打开的"图层样式"面板中，选择"描边"选项。设置"结构"参数，大小为 2 像素，位置为"外部"，混合模式为"正常"，不透明度为 100%，填充为白色，如图 6-120 和图 6-121 所示。

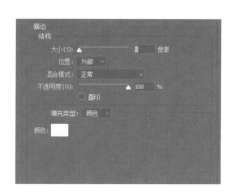

图 6-120

图 6-121

05　绘制矩形。新建图层，单击工具栏中的"矩形工具"，在选项栏中选择工具模式为"形状"，绘制矩形，填充颜色为 #52524e，参数如图 6-122 和图 6-123 所示。

图 6-122
图 6-123

06 绘制矩形。新建图层，单击工具栏中的"矩形工具"，在选项栏中选择工具模式为"形状"，绘制矩形，填充颜色为 #52524e，参数如图 6-124 和图 6-125 所示。

图 6-124
图 6-125

07 绘制圆角矩形。单击工具栏中的"圆角矩形工具"，在选项栏中选择工具模式为"形状"，绘制圆角矩形，参数如图 6-126 和图 6-127 所示。

图 6-126
图 6-127

08 添加描边。执行"添加图层样式"→"描边",打开"图层样式"面板。调整"结构"参数,大小为1像素,位置为"外部",混合模式为"正常",不透明度为100%,填充为渐变,渐变色为 #d4cbcb 到 #747070 到 #cec8c8,样式为"线性",如图 6-128 和图 6-129 所示。

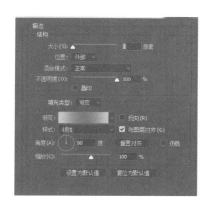

图 6-128                                 图 6-129

09 绘制圆角矩形。单击工具栏中的"圆角矩形工具",在选项栏中选择工具模式为"形状",绘制圆角矩形,参数如图 6-130 和图 6-131 所示。

图 6-130                                 图 6-131

10 添加渐变叠加。执行"添加图层样式"→"渐变叠加",打开"图层样式"面板。调整"渐变"参数,混合模式为"正常",不透明度为100%,颜色为 #d1cdc8 到 #595755 到 #e8e4de 到 #6c6a67 到 #e1deda,样式为"线性",角度为90度,如图 6-132 和图 6-133 所示。

11 添加描边。在打开的"图层样式"面板中,选择"描边"。设置"结构"参数,大小为1像素,位置为"外部",混合模式为"正常",不透明度为100%,填充颜色为 #7c7a76。将图层移动到"背景"图层的上方,如图 6-134 和图 6-135 所示。

12 绘制圆角矩形。单击工具栏中的"圆角矩形工具",在选项栏中选择工具模式为"形状",绘制圆角矩形,参数如图 6-136 和图 6-137 所示。

图 6-132

图 6-133

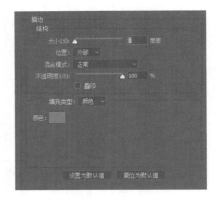

图 6-134

图 6-135

图 6-136

图 6-137

13 添加渐变叠加。执行"添加图层样式"→"渐变叠加",打开"图层样式"面板。调整"渐变"参数,混合模式为"正常",不透明度为100%,颜色为#d1cdc8 到 #595755 到 #e8e4de 到 #6c6a67 到 # e1deda,样式为"线性",角度为 90 度,如图 6-138 和图 6-139 所示。

图 6-138

图 6-139

**14** 添加描边。在打开的"图层样式"面板中，选择"描边"。设置"结构"参数，大小为 1 像素，位置为"外部"，混合模式为"正常"，不透明度为 100%，填充颜色为 #7c7a76，如图 6-140 和图 6-141 所示。

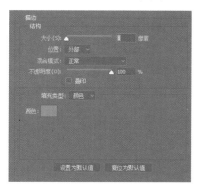

图 6-140

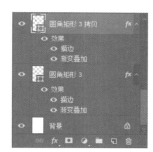

图 6-141

**15** 绘制圆角矩形。单击工具栏中的"圆角矩形工具"，在选项栏中选择工具模式为"形状"，绘制圆角矩形，如图 6-142 和图 6-143 所示。

图 6-142

图 6-143

16 添加渐变叠加。执行"添加图层样式"→"渐变叠加",打开"图层样式"面板。调整"渐变"参数,混合模式为"正常",不透明度为100%,颜色为#d1cdc8到#595755到#e8e4de到#6c6a67到#e1deda,样式为"线性",角度为90度,如图6-144和图6-145所示。

图 6-144          图 6-145

17 添加描边。在打开的"图层样式"面板中,选择"描边"。设置"结构"参数,大小为1像素,位置为"外部",混合模式为"正常",不透明度为100%,填充颜色为#7c7a76,如图6-146和图6-147所示。

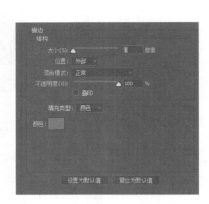

图 6-146          图 6-147

18 绘制圆角矩形。单击工具栏中的"圆角矩形工具",在选项栏中选择工具模式为"形状",绘制圆角矩形,如图6-148和图6-149所示。

19 添加渐变叠加。在图层执行"添加图层样式"→"渐变叠加",打开"图层样式"面板。调整"渐变"参数,混合模式为"正常",不透明度为100%,颜色为#d1cdc8到#595755到#e8e4de到#6c6a67到#e1deda,样式为"线性",角度为0度,如图6-150和图6-151所示。

20 添加描边。在打开的"图层样式"面板中,选择"描边"。设置"结构"参数,大小为1像素,位置为"外部",混合模式为"正常",不透明度为100%,填充颜色为

#7c7a76，如图 6-152 和图 6-153 所示。

图 6-148

图 6-149

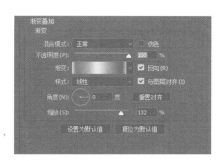

图 6-150

图 6-151

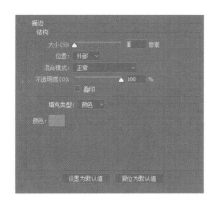

图 6-152

图 6-153

21 绘制高光区域。按住 Ctrl 键，点击"圆角矩形 2"图层的缩略图，建立选区。执行"选择"→"修改"→"收缩"，将选区收缩 3 像素。单击工具栏中的"多边形套索工具"，按住 Alt 键将左半部分选区减去，剩下类三角区域，如图 6-154 和图 6-155 所示。

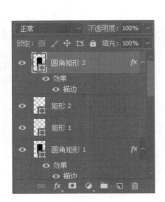

图 6-154

图 6-155

22 制作高光。新建图层，填充背景色，将图层填充设为 0%。在图层执行"添加图层样式"→"渐变叠加"，打开"图层样式"面板。调整"渐变"参数，混合模式为"正常"，不透明度为 55%，颜色为透明到白色，样式为"线性"，角度为 92 度，如图 6-156 和图 6-157 所示。

图 6-156

图 6-157

23 绘制椭圆。新建图层，单击工具栏中的"椭圆工具"，在选项栏中选择工具模式为"形状"，按住 Shift 键绘制椭圆，如图 6-158 和图 6-159 所示。

24 渐变叠加。在图层执行"添加图层样式"→"渐变叠加"，打开"图层样式"面板。调整"渐变"参数，混合模式为"正常"，不透明度为 100%，渐变填充色为 #070d0e 到 #3a4444，样式为"线性"，角度为 −55 度，如图 6-160 和图 6-161 所示。

25 绘制椭圆。新建图层，单击工具栏中的"椭圆工具"，在选项栏中选择工具模式为"形状", 按住 Shift 键绘制椭圆, 如图 6-162 和图 6-163 所示。

图 6-158

图 6-159

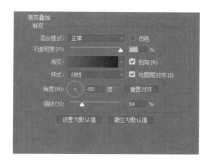

图 6-160

图 6-161

图 6-162

图 6-163

26 渐变叠加。在图层执行"添加图层样式"→"渐变叠加",打开"图层样式"面板。调整"渐变"参数,混合模式为"正常",不透明度为100%,渐变填充色为#050505到#1d619a,样式为"径向",角度为90度,如图6-164和图6-165所示。

图 6-164

图 6-165

27 绘制圆角矩形。单击工具栏中的"圆角矩形工具",在选项栏中选择工具模式为"形状",绘制圆角矩形,如图6-166和图6-167所示。

图 6-166

图 6-167

28 自定义图案。按 Ctrl+N 组合键,新建一个 50×50 像素的画布。建立水平、垂直的居中参考线。单击工具栏中的"矩形工具",按住 Shift 键在左上角与右下角创建出黑色方块。按住 Alt 键双击背景图层,删除掉。然后执行"编辑"→"自定义图案",将图案保存起来,如图6-168和图6-169所示。

29 添加渐变叠加。返回场景,在图层执行"添加图层样式"→"渐变叠加",打开"图层样式"面板。调整"渐变"参数,混合模式为"正常",不透明度为100%,渐变填充色为#404040到#a7a7a7,样式为"线性",角度为0度,如图6-170和图6-171所示。

图 6-168

图 6-169

图 6-170

图 6-171

30　添加描边。在打开的"图层样式"面板中选择"描边"选项。设置"结构"参数，大小为 4 像素，位置为"外部"，混合模式为"正常"，不透明度为 100%，填充类型为渐变，渐变色由 # 020204 到 # 969696 到 # 232323，样式为"线性"，角度为 −90 度，如图 6-172 和图 6-173 所示。

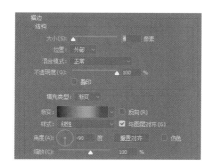

图 6-172

图 6-173

31 添加图案叠加。在打开的"图层样式"面板中，选择"图案叠加"面板，设置为刚才设置的图案，缩放为 2%，如图 6-174 和图 6-175 所示。

图 6-174　　　　　　　　　　　　　　　　图 6-175

32 绘制椭圆。新建图层，单击工具栏中的"椭圆工具"，在选项栏中选择工具模式为"形状"，按住 Shift 键绘制椭圆，将填充设为 0%，如图 6-176 和图 6-177 所示。

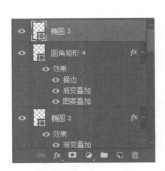

图 6-176　　　　　　　　　　　　　　　　图 6-177

33 添加渐变叠加。在图层执行"添加图层样式"→"渐变叠加"，打开"图层样式"面板。调整"渐变"参数，混合模式为"正常"，不透明度为 80%，渐变填充色为 #4d4e4e 到 #000003，样式为"线性"，角度为 0 度，如图 6-178 和图 6-179 所示。

34 绘制圆角矩形。新建图层，单击工具栏中的"圆角矩形工具"，在选项栏中选择工具模式为"形状"，按住 Shift 键绘制椭圆，将填充设置为 0%，如图 6-180 和图 6-181 所示。

35 添加描边。在图层执行"添加图层样式"→"描边"，打开"图层样式"面板。调整"结构"参数，大小为 2 像素，位置为"内部"，混合模式为"正常"，不透明度为 100%，填

充颜色为 #7c7a76，如图 6-182 和图 6-183 所示。

图 6-178

图 6-179

图 6-180

图 6-181

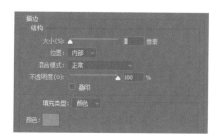

图 6-182

图 6-183

36 打开文件。执行"文件"→"打开",打开"屏幕.jpg"素材文件,拖曳到场景中。按 Ctrl + T 组合键,将文件放入合适的位置,将填充设置为 85%,如图 6-184 和图 6-185 所示。

图 6-184

图 6-185

## 6.6 UI 设计师必备技能:图标的设计

程序图标的主要作用是使程序更加具象及更容易理解,而且有更好的视觉效果的图标还可以提高产品的整体体验和品牌形象,可引起用户的关注和下载,激发起用户点击的欲望。

### 6.6.1 表现形态

为了在有限的空间里表达出相对应的信息,在图标设计中,直观是第一个应解决的问题,不应该出现太多繁琐的修饰,当然,还要有很好的视觉表现力,使用户可以更容易理解此应用的实际作用,更轻松地辨识此应用。下面来说说几种表现的形态。

图形表现(图 6-186)。图形可以很好地吸引用户的眼球,更具象地表现出信息。

图 6-186

文字表述 ( 图 6-187)。文字是一种非常直观的表现方法，文字应该简洁明了，不繁琐。

图 6-187

图形和文字结合 ( 图 6-188)。此形式不但有很好的表现力，还可以直接把信息告知用户，因为会有一定的内容，所以在空间布局上要注意疏密适当，避免繁琐拥挤。

图 6-188

### 6.6.2　图标特性

同一主体的图标有很好的整体性，良好的整体性可以减少用户体验上的冲突，所以我们需要保持其中的一些特点，如图 6-189 所示，以便程序可以更好地融入系统中，带给用户更好的应用体验。

图 6-189

### 6.6.3　图标设计的构思

为表达好应用程序的作用，我们可以对应用程序的图标做很多不同视觉效果的处理，以实现更好的视觉享受。不同类型的应用要注意表现的效果，如新闻资讯类的应该简洁一点，使其应用有更好的、整洁的感觉，如游戏类可以设计得给用户一种活跃的感觉，而一些日常应用类的我们很多时候都会将其拟物化，使用户可以更直观地感受到它们的作用。

在这里着重说一下拟物化程序图标，这是非常具象的表现程序用途的方法，但有时候，例如当要表现的元素存在好几个的时候，在狭小的空间中不一定能放下如此多的元素，所以要分析轻重，轻的可以减少占据位置的比例，或者将其去除，重的要多做强调，同时，要找到多样元素中的共性。

# 第 7 章

## APP 中的多种图形设计

　　本章主要收录了四个图形设计制作的案例，涉及色彩范围、色阶、阈值、图层样式、混合模式等相关设计技术。通过本章的学习，读者可以掌握更高级的图形编辑技巧，从而使自己设计的 APP 作品更加生动、逼真。

## 关键知识点：

滤镜的应用
图层样式应用
混合模式应用
图形编辑技巧
尺寸指南

## 7.1　二维码扫描图形设计

二维码是现代生活中经常见到和使用的，它是用某种特定的几何图形按一定的规律在平面上（二维方向）分布的黑白相间的图形，主要用来记录数据符号信息。由于二维码能够在横向和纵向两个方向同时表达信息，因此，可以在很小的面积内表达大量的信息。

### 7.1.1　设计构思

本例制作一个色彩丰富的二维码图标。首先通过色彩范围获取二维码中的信息部分，再利用矩形工具在画面上绘制二维码特色的三个角，最后配上色彩和图片，一个色彩缤纷的二维码就绘制完成了。

### 7.1.2　操作步骤

01　新建文件。执行"文件"→"新建"命令，在弹出的"新建"对话框中创建 600×800 像素的文档，背景内容为"白色"，如图 7-1所示，完成后单击"创建"按钮。

图 7-1

02　打开文件。执行"文件"→"打开"，打开"二维码.jpg"图片，将图片拖曳到场景中，如图 7-2 和图 7-3 所示。

图 7-2

图 7-3

03　色彩范围。执行"选择"→"色彩范围"，打开"色彩范围"面板，取样颜色选择二维码中的黑色像素，颜色容差设为 200，单击"确定"按钮。按 Ctrl + J 组合键，复制选区范围，如图 7-4 和图 7-5 和图 7-6 所示。

04　打开网格。执行"编辑"→"首选项"→"参考线、网格和切片"，编辑"网格"参数，网格线间隔设为 8 像素，子网格设为 1，单击"确定"按钮。执行"视图"→"显示"→"网格"，勾选"网格"选项，打开网格，如图 7-7 和图 7-8 所示。

05　填充前景色。新建图层，将前景色设为青色 (#8fd06d)。单击工具栏中的"矩形选框工具"，选择左上角的标志符号，按 Alt + Delete 组合键填充前景色，如图 7-9 和图 7-10 所示。

06　填充标志符号。将前景色分别设为 #00bfca 和 #d660c4，分别填充右上角和左下角的标志符号，如图 7-11 和图 7-12 所示。

图 7-4

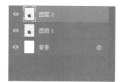

图 7-5

图 7-6

图 7-7

图 7-8

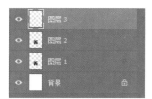

图 7-9

图 7-10

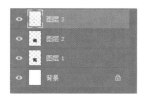

图 7-11

图 7-12

07 删除填充色。按住 Ctrl 键单击图层 2 的缩略图，调出选区。按 Ctrl + Shift + I 组合键选择反选，按 Delete 键删除选区。执行"视图"→"显示"→"网格"，将"网格"前面的勾去掉，如图 7-13 和图 7-14 所示。

图 7-13

图 7-14

08 创建渐变。在"图层 1"上方新建一个图层，按住 Ctrl 键单击"图层 1"的缩略图，调出选区。单击工具栏中的"渐变工具"，填充渐变色，将不透明度改为 38%，如图 7-15 和图 7-16 和图 7-17 所示。

图 7-15

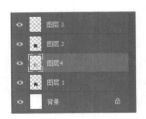

图 7-16

图 7-17

09 修改背景色。选择"背景"图层，单击工具栏中的"渐变工具"，填充渐变色，如图 7-18 和图 7-19 所示。

10 输入文字。单击工具栏中的"横排文字工具"，设置字体为"宋体"，字号为 10，颜色为 #d660c4，输入文字"扫一扫，获取更多资讯"，如图 7-20 和图 7-21 所示。

11 绘制圆角矩形。单击工具栏中的"圆角矩形工具"按钮，在选项栏中选择工具的模式为"形状"，绘制圆角矩形，如图 7-22 和图 7-23 所示。

图 7-18

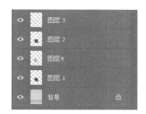

图 7-19

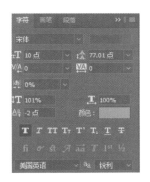

图 7-20

图 7-21

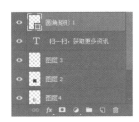

图 7-22

图 7-23

12 导入素材。执行"文件"→"打开"命令，选择素材文件，单击"打开"按钮结束操作。将素材文件拖曳至场景文件中，缩放大小并调整到合适位置。右击图层后，选择"创建剪贴蒙版"命令，如图 7-24 和图 7-25 所示。

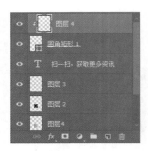

图 7-24

图 7-25

## 7.2 徽标图形设计

徽标图形是生活中常见的图形，它的设计一般要求主体突出、寓意深刻、简约大气。本案例设计的徽标，突出了形体简洁、形象明朗、引人注目，以及易于识别、理解和记忆等特点。

### 7.2.1 设计构思

本例绘制一个不规则的徽标。首先以一个暗深色的金属感框做底，再通过光与影的结合绘制一个闪亮的徽标，最后通过文字的添加来表达我们的意图，使徽标易于识别和理解。

### 7.2.2 操作步骤

**01** 新建文件。执行"文件"→"新建"命令，在弹出的"新建"对话框中创建 600×800 像素的文档，背景内容为"白色"，如图 7-26所示，完成后单击"创建"按钮。

图 7-26

**02** 填充渐变。单击工具栏中的"渐变工具"，为"背景"图层添加渐变，如图 7-27 和图 7-28 所示。

**03** 绘制形状。单击工具栏中的"多边形工具"，在选项栏中选择工具的模式为"形状"，设置填充为 #3c3c3c，借助"添加描点工具"，绘制出形状，如图 7-29 和图 7-30 所示。

**图 7-27**

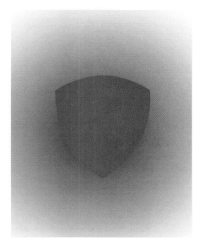

图 7-28　　　　　　　　　　图 7-29　　　　　　　　　　图 7-30

04　新建图层，按住 Ctrl 单击"多边形 1"图层缩略图，调出选区。执行"选择"→"修改"→"收缩"，收缩 16 像素，填充颜色 #474747，如图 7-31 和图 7-32 所示。

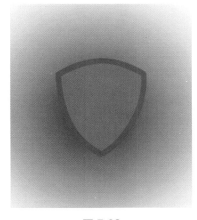

图 7-31　　　　　　　　　　　　　　　　图 7-32

05　添加描边。选择"多边形 1"图层，执行"添加图层样式"→"描边"，打开"图层样式"面板。调整"结构"参数，大小为 3 像素，位置为"外部"，混合模式为"正常"，不透明度为 100%，填充类型为"渐变"，样式为"线性"，角度为 90 度，如图 7-33 和图 7-34 所示。

06　添加颜色叠加。在打开的"图层样式"面板中，选择"颜色叠加"。将混合模式设置为"正常"，颜色为 #1c1a1a，不透明度为 100%，如图 7-35 和图 7-36 所示。

07　添加外发光。在打开的"图层样式"面板中，选择"外发光"。修改"结构"参数，混合模式设置为"正常"，不透明度为 43%，杂色为 0，颜色为 #e7f4e8；修改"图素"参数，方法为"柔和"，扩展为 29%，大小为 24 像素，如图 7-37 和图 7-38 所示。

图 7-33

图 7-34

图 7-35

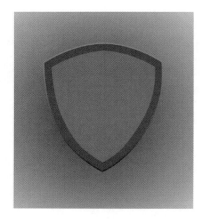

图 7-36

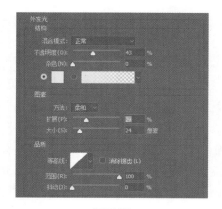

图 7-37

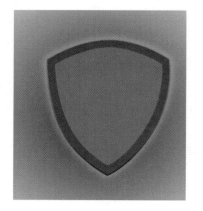

图 7-38

08 添加描边。选择"图层 1"，执行"添加图层样式"→"描边"，打开"图层样式"

面板。调整"结构"参数，大小为 5 像素，位置为"外部"，混合模式为"正常"，不透明度为 100%；填充类型为"渐变"，样式为"线性"，角度为 −90 度，如图 7-39 和图 7-40 所示。

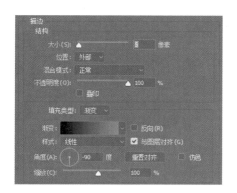

图 7-39

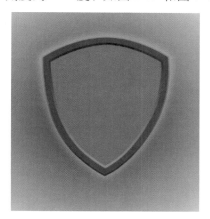

图 7-40

09 添加内阴影。打开"图层样式"面板，选择"内阴影"选项。调整"结构"参数，混合模式为"正常"，填充颜色为黑色，不透明度为 100%，角度为 −90 度，距离为 4 像素，阻塞为 0，大小为 0 像素，如图 7-41 和图 7-42 所示。

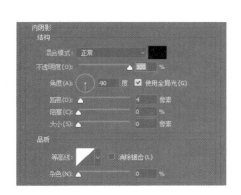

图 7-41

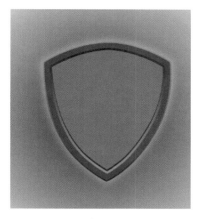

图 7-42

10 添加颜色叠加。打开"图层样式"面板，选择"颜色叠加"选项，设置混合模式为"线性加深"，颜色为 #2a2727，不透明度为 15%，如图 7-43 和图 7-44 所示。

11 绘制高光。按住 Ctrl 键，单击"图层 1"图层的缩略图，建立选区。单击工具栏中的"多边形套索工具"，按住 Alt 键将下面部分选区减去，剩下高光区域。新建图层，填充白色。如图 7-45 和图 7-46 所示。

12 制作高光。单击图层面板下的"添加矢量蒙版" 🔳 图标，为"图层 2"添加图层蒙版。单击工具栏中的"渐变工具"，在蒙版中改变图层的不透明度，如图 7-47 和图 7-48 和图 7-49 所示。

图 7-43

图 7-44

图 7-45

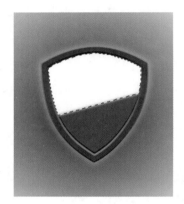

图 7-46

图 7-47

图 7-48

图 7-49

13 绘制横幅。单击工具栏中的"钢笔工具"按钮，在选项栏中选择工具的模式为"路径"，绘制形状，按 Ctrl + Enter 组合键，将路径转换为选区，并填充黑色，如图 7-50 和图 7-51 所示。

图 7-50

图 7-51

14 添加描边。执行"添加图层样式"→"描边"，打开"图层样式"面板。调整"结构"参数，大小为 2 像素，位置为"外部"，混合模式为"正常"，不透明度为 100%，填充类型为"渐变"，样式为"线性"，角度为 90 度，如图 7-52 和图 7-53 所示。

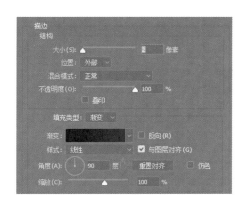

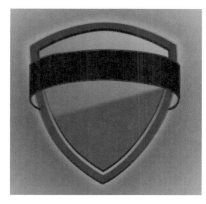

图 7-52

图 7-53

15 颜色叠加。打开"图层样式"面板，选择"颜色叠加"选项，设置混合模式为"正常"，颜色为 #262626，不透明度为 55%，如图 7-54 和图 7-55 所示。

16 添加渐变叠加。打开的"图层样式"面板选择"渐变叠加"选项，设置混合模式为"正常"，不透明度为 91%，样式为"线性"，角度为 0 度，如图 7-56 和图 7-57 所示。

图 7-54

图 7-55

图 7-56

17 绘制暗部。在背景图层上新建图层，单击工具栏中的"钢笔工具"按钮，在选项栏中选择工具的模式为"路径"，绘制形状，按 Ctrl + Enter 组合键，将路径转换为选区，并填充颜色 #2f322f，如图 7-58 和图 7-59 所示。

18 添加路径文字。单击工具栏中的"钢笔工具"，绘制字体路径。单击工具栏中的"横排文字工具"，在路径上添加文字"GUARANTEE"，字体为 Calibri，字号为 8 点，颜色为 #e6dcdc，如图 7-60 和图 7-61 所示。

19 添加说明文字。单击工具栏中的"横排文字工具"，在路径上添加文字"100% PROTECTION"，字体为 Calibri，字号为 6 点，颜色为 #e6dcdc，如图 7-62 和图 7-63 所示。

图 7-57

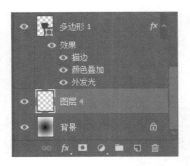

图 7-58

图 7-59

图 7-60

图 7-61

图 7-62

图 7-63

20 添加闪光。单击工具栏中的"画笔工具"，选择星星笔刷，调到合适的大小。新建图层，在图层上画出闪光点，如图 7-64 和图 7-65 所示。

图 7-64

图 7-65

## 7.3  个性条形码设计

条形码也称条码，是将宽度不等的多个黑条，按照一定的编码规则排列，用以表达一定信息的图形标识符。条形码在商品流通、图素管理、邮政管理、银行系统等许多领域中都得到了广泛的应用。

### 7.3.1  设计构思

本例制作的是条形码图标。首先通过杂色、动感模糊和色阶使画面中形成宽度不等的多个黑条，再利用"钢笔工具"绘制个性化图案，最后加上编码，来生成我们需要的条形码。

### 7.3.2  操作步骤

01 新建文件。执行"文件"→"新建"命令，在弹出的"新建"对话框中创建 400×260 像素的文档，背景内容为"白色"，完成后单击"创建"按钮，如图 7-66 所示。

图 7-66

02 添加杂色。执行"滤镜"→"杂色"→"添加杂色"命令，设置参数，数量为 150%，分布为"平均分布"，如图 7-67 和图 7-68 所示。

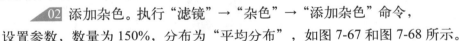

图 7-67

图 7-68

03 动感模糊。执行"滤镜"→"模糊"→"动感模糊"，角度设为 90 度，距离为 1542 像素，如图 7-69 和图 7-70 所示。

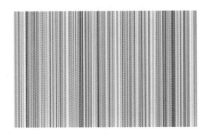

图 7-69

图 7-70

04 调整亮度和对比度。单击图层缩略图下的"创建新的调整或填充图层" ⬛ →"亮度／对比度"，设置参数，亮度为 −69，对比度为 100，如图 7-71 和图 7-72 所示。

图 7-71

图 7-72

05 调整亮度和对比度。单击图层缩略图下的"创建新的调整或填充图层" ⬛ →"色阶"，设置参数，如图 7-73 和图 7-74 所示。

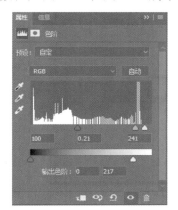

图 7-73

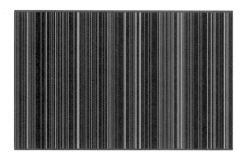

图 7-74

06 盖印图层。按 Ctrl + Shift + Alt +E 组合键盖印当前图层，并将图层命名为"条形码"，如图 7-75 和图 7-76 所示。

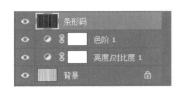

图 7-75

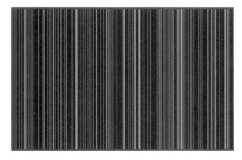

图 7-76

07 新建文件。执行"文件"→"新建"命令，在弹出的"新建"对话框中创建

600×800 像素的文档，背景内容为"白色"，完成后单击"创建"按钮，将上个文件中的"条形码"图层拖曳到当前文件中，如图 7-77 和图 7-78 所示。

图 7-77                                            图 7-78

08 执行"编辑"→"变换"→"顺时针选择 90 度"，将条形码图层旋转方向，如图 7-79 和图 7-80 所示。

图 7-79                                            图 7-80

09 在背景图层的上方新建图层，单击工具栏中的"多边形套索工具"，绘制选区，填充黑色，如图 7-81 和图 7-82 所示。

图 7-81                                            图 7-82

10 在"条形码"图层，右击鼠标，选择"创建剪贴蒙版"命令。单击工具栏中的"竖排文字工具"，输入数字，如图 7-83 和图 7-84 所示。

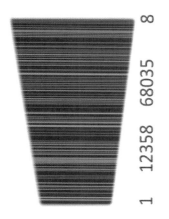

图 7-83

图 7-84

11 绘制形状。单击工具栏中的"钢笔工具"，在选项栏中选择工具的模式为"形状"，设置填充为 #28c6d1，绘制吸管形状，如图 7-85 和图 7-86 和图 7-87 所示。

图 7-85

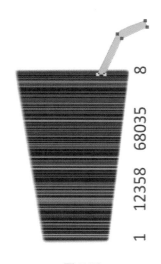

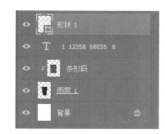

图 7-86

图 7-87

12 将形状图层移动到"背景"图层的上方，这样就完成了个性化的条形码，如图 7-88 和图 7-89 所示。

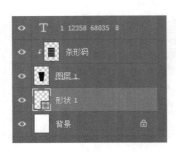

图 7-88

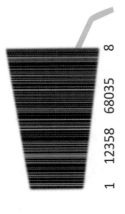

图 7-89

## 7.4 夏日海景宣传海报设计

宣传海报设计必须遵循一定的要求，才能达到相应的宣传目的：应该紧扣主题，其中的说明文字要简洁明了，篇幅要短小精悍，特别是一些举办活动类的海报一定要具体真实地写明活动的地点、时间及主要内容。

### 7.4.1 设计构思

本例制作一个夏日海景的宣传海报，背景选用了海水、椰树、冰棍等具有夏日海报特色的元素来表现，海报通过各个相关元素的点缀，突出了画面中的文字，利用鲜艳轻快的颜色，为闷热的夏日带来了清爽和舒适。

### 7.4.2 操作步骤

**01** 打开文件。执行"文件"→"打开"，在弹出的窗口中选择"背景 .jpg"的图片，单击"确定"按钮打开背景图片，如图 7-90 和图 7-91 所示。

图 7-90

图 7-91

02 添加文字。单击工具栏中的"横排文字工具",分别输入"清"、"爽"、"夏"、"日"4 个文字图层,如图 7-92 和图 7-93 所示。

图 7-92　　　　　　　　　　　　　　　　　　图 7-93

03 添加描边。在"清"字文字图层,执行"添加图层样式"→"描边"命令,打开"图层样式"面板。之后在弹出的"图层样式"对话框中选择"描边"选项,设置参数,添加描边效果,如图 7-94 和图 7-95 所示。

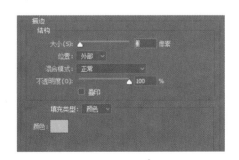

图 7-94　　　　　　　　　　　　　　　　　　图 7-95

04 添加描边。打开"图层样式"界面,单击"描边"选项右边的小图标,添加"描边"选项,设置参数,添加描边效果,如图 7-96 和图 7-97 所示。

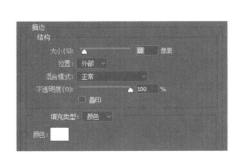

图 7-96　　　　　　　　　　　　　　　　　　图 7-97

**05** 添加渐变叠加。在打开的"图层样式"界面中选择"渐变叠加"选项，设置参数，添加渐变叠加效果，如图 7-98 和图 7-99 所示。

图 7-98

图 7-99

**06** 添加投影。在打开的"图层样式"界面中选择"投影"选项，设置参数，添加投影效果，如图 7-100 和图 7-101 所示。

图 7-100

图 7-101

**07** 添加描边。在"爽"文字图层，执行"添加图层样式"→"描边"命令，打开"图层样式"面板，选择"描边"选项，设置参数，添加描边效果，如图 7-102 和图 7-103 所示。

图 7-102

图 7-103

**08** 添加描边。打开"图层样式"界面，单击"描边"选项右边的小图标，添加"描边"选项，设置参数，添加描边效果，如图 7-104 和图 7-105 所示。

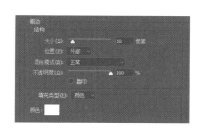

图 7-104

图 7-105

添加渐变叠加。在打开的"图层样式"界面中选择"渐变叠加"选项,设置参数,添加渐变叠加效果,如图 7-106 和图 7-107 所示。

图 7-106

图 7-107

添加投影。在打开的"图层样式"界面中选择"投影"选项,设置参数,添加投影效果,如图 7-108 和图 7-109 所示。

图 7-108

图 7-109

更多效果。用同样的方法和步骤为其他文字添加效果,按 Ctrl + T 变换形状和调整位置,如图 7-110 和图 7-111 所示。

打开文件。执行"文件"→"打开"命令,在弹出的窗口中选择"太阳 .png"文件,单击"确定"按钮,将文件拖曳到场景中,如图 7-112 和图 7-113 所示。

图 7-110

图 7-111

图 7-112

图 7-113

13 添加描边。执行"添加图层样式"→"描边"命令，打开"图层样式"面板。选择"描边"选项，设置参数，添加描边效果，如图 7-114 和图 7-115 所示。

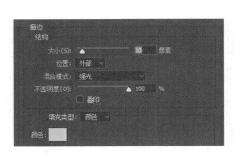

图 7-114

图 7-115

14 打开文件。执行"文件"→"打开"命令，在弹出的窗口中选择"椰树.png"文件，单击"确定"按钮，将文件拖曳到场景中，调整大小和位置，如图 7-116 和图 7-117 所示。

15 打开文件。执行"文件"→"打开"命令，在弹出的窗口中选择地球和遮阳伞的素材，单击"确定"按钮，将文件拖曳到场景中，移动到背景图层的上方，并调整大小和位置，如图 7-118 和图 7-119 所示。

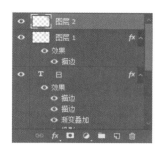

图 7-116

图 7-117

图 7-118

图 7-119

16 添加阴影。新建图层，单击工具栏中的"画笔工具"，将前景色设为黑色，降低不透明度，画出阴影，如图 7-120 到图 7-122 所示。

图 7-120

图 7-121

图 7-122

17 打开文件。执行"文件"→"打开"命令，在弹出的窗口中选择"冰棍 .png"图片，单击"确定"按钮，将文件拖曳到场景中，调整大小和位置，如图 7-123 和图 7-124 所示。

图 7-123                    图 7-124

18 添加描边。执行"添加图层样式"→"描边"命令，打开"图层样式"面板，选择"描边"选项，设置参数，添加描边效果，如图 7-125 和图 7-126 所示。

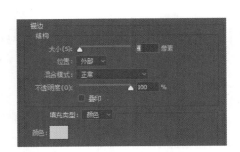

图 7-125                    图 7-126

19 添加描边。打开的"图层样式"lwj dm，选择"描边"选项，设置参数，添加描边效果，如图 7-127 和图 7-128 所示。

20 添加投影。在打开的"图层样式"界面中选择"投影"选项，设置参数，添加投影效果，如图 7-129 和图 7-130 所示。

21 栅格化图层样式。选择"清"文字图层，执行 Ctrl + J 组合键，复制图层。右击"栅格化图层样式"按钮，栅格化文字，如图 7-131 所示。

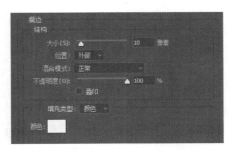

图 7-127                    图 7-128

图 7-129

图 7-130

22 擦除文字。单击工具栏中的"橡皮擦工具"，涂抹栅格化图层的位置，如图 7-132 和图 7-133 所示。

23 添加叶子元素。执行"文件"→"打开"，在弹出的窗口中选择叶子的图片，单击"确定"按钮关闭文件选择窗口，将文件拖拽到场景中，调整大小和位置，如图 7-134 和图 7-135 所示。

24 打开文件。执行"文件"→"打开"，在弹出的窗口中选择"椰子.png"的图片，单击"确定"按钮关闭文件选择窗口，将文件拖拽到场景中，调整大小和位置，如图 7-136 和图 7-137 所示。

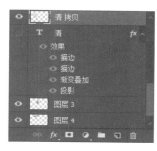

图 7-131

图 7-132

图 7-133

图 7-134

图 7-135

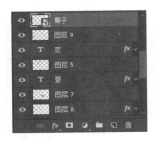

图 7-136                                    图 7-137

25 栅格化图层样式。选择"椰子"图层，右击"栅格化图层"按钮，栅格化图层，如图 7-138 所示。

26 添加蒙版。单击"图层"面板下方的"添加图层蒙版"按钮，为图层创建图层蒙版。单击工具栏中的"画笔工具"，将前景色设为黑色，在蒙版中涂出水滴，完成本例的制作，如图 7-139 和图 7-140 所示。

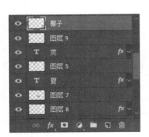

图 7-138                                    图 7-139

图 7-140

## 7.5　UI 设计师必备技能：构图技巧

构图的技巧，除了在色彩运用的对比技巧上需要借鉴掌握以外，还需考虑几种对比关系。如构图技巧的粗细对比、构图技巧的远近对比、构图技巧的疏密对比、构图技巧的动静对比、构图技巧的中西对比、构图技巧的古今对比等。

### 7.5.1　粗细对比

所谓粗细对比，是指在构图的过程中所使用的色彩以及由色彩组成图案而形成的一种风格而言，在书画作品中，我们知道有工笔和写意之说，或工笔与写意同时出现在一个画面上，这种风格在包装构图中是时常利用的表现手法。对于这种粗细对比，有些是主体图案与陪衬图案对比；有些是中心图案与背景图案对比；有的是一边粗犷如风扫残云，而另一边则精美得细若游丝；有些以狂草的书法取代图案，这在一些酒类和食品类包装中常见。

### 7.5.2　远近对比

在国画山水的构图中讲究近景、中景、远景，以同样的原理，也应分别有近、中、远几种画面的构图层次。所谓近，就是一个画面中最抢眼的那部分图案，也叫第一视觉冲击力，这个最抢眼的也是该包装图案中要表达的最重要的内容，如双汇最早使用过的方便面包装，首先闯入人们视线中的是空白背景中的双汇商标和深红色方块背景中托出的白色硕大的"双汇"二字（即近景），依次才是小一点的"红烧牛肉面"几个行书主体字（应该说第二视线，也叫中景），再次是表述包装内容物的产品照片（也叫第三视线，界于中景），再往后的便是辅助性的企业吉祥物广告语、性能说明、企业标志等，这种明显的层次感也叫视觉的三步法则，它在兼顾人们审视一个静物画面从上至下、从右至左的习惯。同时，依次凸显了其中最要表达的主题部分。

作为设计人，在创作画面之始，就首先应该弄明白所诉求的主题，营造一个众星托月、鹤立鸡群的氛围。从而使画面像有强大的磁力，紧紧地把受众的视线拉过来。

### 7.5.3　疏密对比

说起构图技巧的疏密对比，这和色彩使用的繁简对比很相似，也和国画中的飞白雷同，即图案中集中的地方都须有扩散的陪衬，不宜都集中或都扩散。体现一种疏密协调，节奏分明，有张有弛，显示空灵的感觉，同时也不失让主题突出。

### 7.5.4　动静对比

在一种图案中，我们往往会发现这种现象：也就是在海报主题名称处的背景或周边表现出的爆炸性图案，或是看上去漫不经心，实则是故意涂抹的几笔疯狂的粗线条，或是飘带形的英文或图案等，无不都是要表现出一种"动态"的感觉，但主题名称则端庄稳重且大背景是轻淡平静的，这种场面便是静和动的对比。这种对比，避免了跳荡的花哨和沉静的死板。所以视觉效果就会感到舒服，符合人们的正常审美心理。

### 7.5.5　中西对比

这种对比往往是利用西洋画的卡通手法和中国传统手法的结合，或中国汉学艺术和英文的结合，以及画面上直接以写实的手法把西方人的照片或某个画面突出表现在海报图案上，这种表现形式，也是一种常见的借鉴方法。

### 7.5.6　古今对比

既有洋为中用，就有古为今用，特别是人们为了体现一种文化品位，表现在海报设计构图上，常常把古代的经典纹饰、书法、人物、图案用在当前的海报上，从古典文化中寻找嫁接手法。这样能给人一种古色古香、典雅内蕴的追寻，或某一方面的慰藉。

# 第8章

## APP 中的控件设计

　　本章主要收录了五个开关、按钮的实战案例，涉及图形的绘制、质感的表现等实用设计方法。通过这些练习，可以帮助读者随心所欲地制作出各类完美的控件效果。

## 关键知识点：

控件制作

如何设计按钮

金属质感的表现

半透明质感的体现

立体质感的体现

## 8.1　立体旋钮设计

　　旋钮是边缘刻有一个或一个系列标号的普通圆形突出物、圆盘或标度盘，可将其旋转或推进推出，以此启动并操纵或控制某物。旋钮在生活中随处可见，以旋钮为设计主题的作品大多是写实的、逼真的。

### 8.1.1　设计构思

　　本例中这个立体感十足的黑色旋钮，灵感来自于生活中随处可见的旋钮开关，采用写真的方法绘制旋钮。

### 8.1.2　操作步骤

　　**01** 新建文件。执行"文件"→"新建"命令，在弹出的"新建"对话框中，创建 400×300px、背景色为 #2b2a2f 的空白文档，完成后单击"创建"按钮结束操作，如图 8-1 所示。

　　**02** 添加杂色。执行"滤镜"→"杂色"→"添加杂色"命令，设置参数，添加杂色效果，如图 8-2 和图 8-3 所示。

图 8-1

图 8-2

图 8-3

　　**03** 添加正圆。单击工具栏中的"椭圆工具"按钮，在选项栏中选择工具的模式为"形状"，设置填充为白色，按住 Shift 键，在界面中绘制正圆，如图 8-4 和图 8-5 所示。

　　**04** 添加描边。执行"添加图层样式" **fx.** →"描边"，设置参数，添加描边效果，如图 8-6 和图 8-7 所示。

　　**05** 添加正圆。单击工具栏中的"椭圆工具"按钮，在选项栏中选择工具的模式为"形状"，设置填充为白色，按住 Shift 键，在界面中绘制正圆，如图 8-8 和图 8-9 所示。

图 8-4

图 8-5

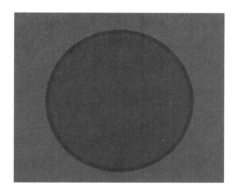

图 8-6

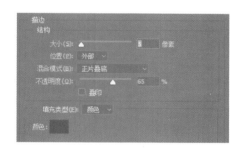

图 8-7

图 8-8

图 8-9

**06** 添加渐变叠加。执行"添加图层样式" *fx.* →"渐变叠加",设置参数,添加渐变叠加效果,如图 8-10 和图 8-11 所示。

**07** 添加描边。执行"添加图层样式" *fx.* →"描边",设置参数,添加描边效果,如图 8-12 和图 8-13 所示。

**08** 添加外发光。执行"添加图层样式" *fx.* →"外发光",设置参数,添加外发光效果,如图 8-14 和图 8-15 所示。

图 8-10

图 8-11

图 8-12

图 8-13

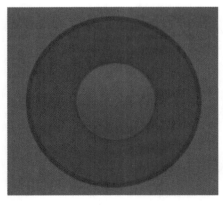

图 8-14

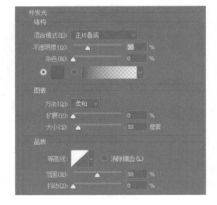

图 8-15

09 添加内阴影。执行"添加图层样式" *fx.* → "内阴影"，设置参数，添加内阴影效果，如图 8-16 和图 8-17 所示。

10 添加投影。执行"添加图层样式" *fx.* → "投影"，设置参数，添加投影效果，如图 8-18 和图 8-19 所示。

图 8-16

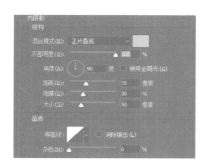

图 8-17

图 8-18

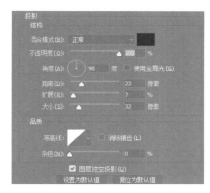

图 8-19

**11** 添加正圆。单击工具栏中的"椭圆工具"按钮，在选项栏中选择工具的模式为"形状"，设置填充为白色，按住 Shift 键，在界面中绘制正圆，如图 8-20 和图 8-21 所示。

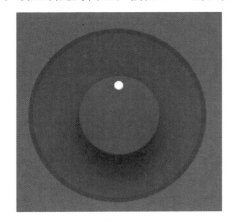

图 8-20

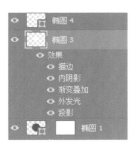

图 8-21

**12** 添加投影。执行"添加图层样式" *fx.* →"投影"，设置参数，添加投影效果，如图 8-22 和图 8-23 所示。

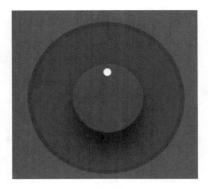

图 8-22

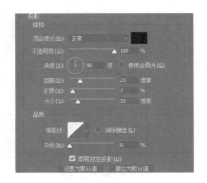

图 8-23

13 添加描边。执行"添加图层样式" *fx.* → "描边"，设置参数，添加描边效果，如图 8-24 和图 8-25 所示。

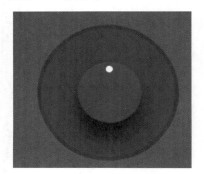

图 8-24

图 8-25

14 添加外发光。执行"添加图层样式" *fx.* → "外发光"，设置参数，添加外发光效果，如图 8-26 和图 8-27 所示。

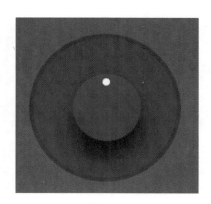

图 8-26

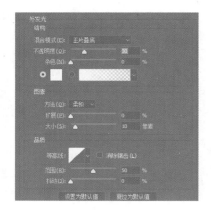

图 8-27

15 添加光泽。执行"添加图层样式" *fx.* → "光泽"，设置参数，添加光泽效果，如图 8-28 和图 8-29 所示。

图 8-28

图 8-29

16 绘制矩形。单击工具栏中的"矩形工具",在选项栏中选择工具模式的"形状",设置填充颜色为 #555555,如图 8-30 和图 8-31 所示。

图 8-30

图 8-31

17 绘制三角形。单击工具栏中的"多边形工具",在选项栏中选择工具模式为"形状",设置填充色为 #555555,如图 8-32 和图 8-33 所示。

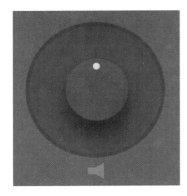

图 8-32

图 8-33

18 合并图形。按住 Ctrl 键，选中矩形和多边形图层，右击鼠标，选择合并图形，将两个图形合并，如图 8-34 所示。

19 添加正圆。单击工具栏中的"椭圆工具"按钮，在选项栏中选择工具的模式为"形状"，设置填充为白色，按住 Shift 键，在界面中绘制正圆，如图 8-35 和图 8-36 所示。

20 添加渐变叠加。执行"添加图层样式" fx →"渐变叠加"，设置参数，添加渐变叠加效果，如图 8-37 和图 8-38 所示。

21 添加投影。执行"添加图层样式" fx →"投影"，设置参数，添加投影效果，如图 8-39 和图 8-40 所示。

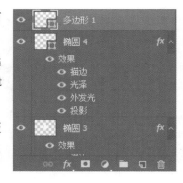

图 8-34

22 添加正圆。单击工具栏中的"椭圆工具"按钮，在选项栏中选择工具的模式为"形状"，设置填充为白色，按住 Shift 键，在界面中绘制正圆，如图 8-41 和图 8-42 所示。

23 添加渐变叠加。执行"添加图层样式" fx →"渐变叠加"，设置参数，添加渐变叠加效果，如图 8-43 和图 8-44 所示。

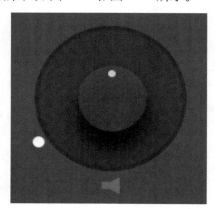

图 8-35

图 8-36

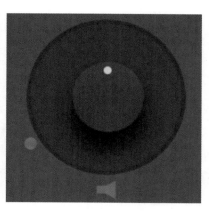

图 8-37

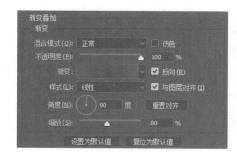

图 8-38

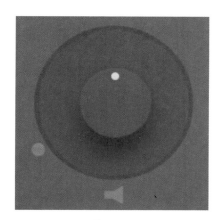

图 8-39

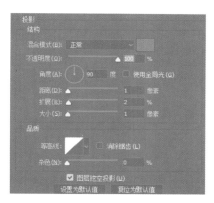

图 8-40

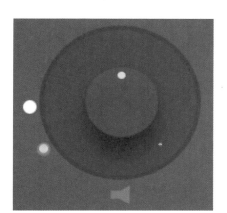

图 8-41

图 8-42

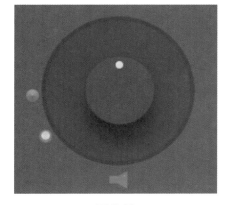

图 8-43

图 8-44

24 添加光泽。执行"添加图层样式" *fx.* → "光泽",设置参数,添加光泽效果,如图 8-45 和图 8-46 所示。

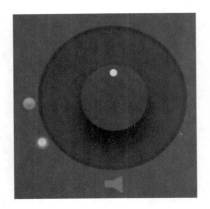

图 8-45

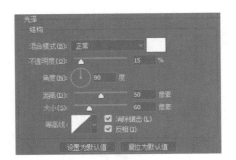

图 8-46

25 复制图层。单击"椭圆 7",按下 Ctrl+J 组合键复制图层,并将其移动至相应位置,如图 8-47 和图 8-48 所示。

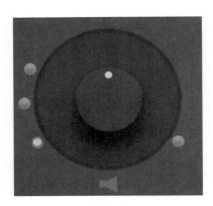

图 8-47

图 8-48

26 重复以上操作,如图 8-49 和图 8-50 所示。

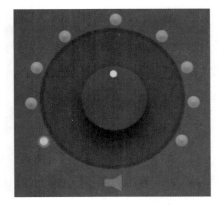

图 8-49

图 8-50

## 8.2 开关按钮设计

开关与我们的生活息息相关，在生活中随处可见，它利用按钮推动传动机构，使动触点与静触点连通或断开，实现电路切换。以开关为设计灵感，需要先观察开关的构造，然后再加上自己的创意。

### 8.2.1 设计构思

本例是一个手机开关按钮的设计制作。设计师以控制开关为创作灵感，颜色搭配自由发挥，具备很好的视觉效果，同时对界面上的按钮设计采用简约的风格。

### 8.2.2 操作步骤

01 新建文件。执行"文件"→"新建"命令，在弹出的"新建"对话框中创建 400×300px 背景色为白色的空白文档，完成后单击"创建"按钮结束操作，如图 8-51 所示。

图 8-51

02 绘制圆角矩形。单击工具栏中的"圆角矩形工具"，在选项栏中选择工具模式的"形状"，设置填充颜色为 #f9f8f8。如图 8-52 和图 8-53 所示。

图 8-52

图 8-53

03 添加渐变叠加。执行"添加图层样式" *fx* →"渐变叠加"，设置参数，添加渐变叠加效果，如图 8-54 和图 8-55 所示。

图 8-54

图 8-55

04 添加内阴影。执行"添加图层样式" *fx* →"内阴影"，设置参数，添加内阴影效果，如图 8-56 和图 8-57 所示。

05 添加投影。执行"添加图层样式" *fx* →"投影"，设置参数，添加投影效果，如图 8-58 和图 8-59 所示。

**06** 绘制内部圆角矩形。单击工具栏中的"圆角矩形工具"，在选项栏中选择工具模式的"形状"，设置填充颜色为白色。如图 8-60 和图 8-61 所示。

图 8-56

图 8-57

图 8-58

图 8-59

图 8-60

图 8-61

**07** 添加颜色叠加。执行"添加图层样式" *fx.* →"颜色叠加"，设置参数，添加颜色叠加效果，如图 8-62 和图 8-63 所示。

图 8-62

图 8-63

**08** 添加内阴影。执行"添加图层样式" 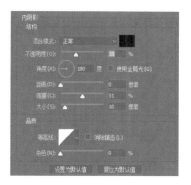 →"内阴影",设置参数,添加内阴影效果,如图 8-64 和图 8-65 所示。

图 8-64

图 8-65

**09** 添加投影。执行"添加图层样式" 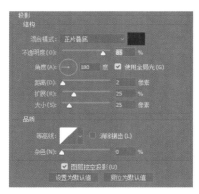 →"投影",设置参数,添加投影效果,如图 8-66 和图 8-67 所示。

图 8-66

图 8-67

**10** 添加外发光。执行"添加图层样式" 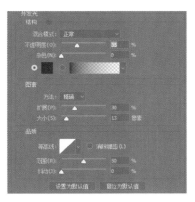 →"外发光",设置参数,添加外发光效果,如图 8-68 和图 8-69 所示。

图 8-68

图 8-69

11 添加正圆。单击工具栏中的"椭圆工具"按钮，在选项栏中选择工具的模式为"形状"，设置填充为白色，按住 Shift 键，在界面中绘制正圆，如图 8-70 和图 8-71 所示。

图 8-70

图 8-71

12 添加渐变叠加。执行"添加图层样式" *fx* →"渐变叠加"，设置参数，添加渐变叠加效果，如图 8-72 和图 8-73 所示。

图 8-72

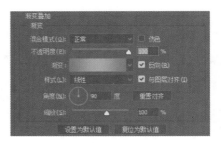

图 8-73

13 添加投影。执行"添加图层样式" *fx* →"投影"，设置参数，添加投影效果，如图 8-74 和图 8-75 所示。

图 8-74

图 8-75

14 添加斜面和浮雕。执行"添加图层样式" *fx* →"斜面和浮雕"，设置参数，添加斜面与浮雕效果，如图 8-76 和图 8-77 所示。

15 添加内发光。执行"添加图层样式" *fx* →"内发光"，设置参数，添加内发光效果，如图 8-78 和图 8-79 所示。

16 添加正圆。单击工具栏中的"椭圆工具"按钮，在选项栏中选择工具的模式为"形状"，设置填充为白色，按住 Shift 键，在界面中绘制正圆，如图 8-80 和图 8-81 所示。

图 8-76

图 8-77

图 8-78

图 8-79

图 8-80

图 8-81

17 添加颜色叠加。执行"添加图层样式" fx. →"颜色叠加"，设置参数，添加颜色叠加效果，如图 8-82 和图 8-83 所示。

图 8-82

图 8-83

18 添加内阴影。执行"添加图层样式" fx → "内阴影"，设置参数，添加内阴影效果，如图 8-84 和图 8-85 所示。

图 8-84

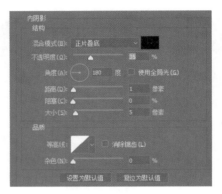

图 8-85

19 添加投影。执行"添加图层样式" fx → "投影"，设置参数，添加投影效果，如图 8-86 和图 8-87 所示。

图 8-86

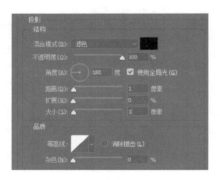

图 8-87

20 添加内发光。执行"添加图层样式" fx → "内发光"，设置参数，添加内发光效果，如图 8-88 和图 8-89 所示。

21 添加外发光。执行"添加图层样式" fx → "外发光"，设置参数，添加外发光效果，如图 8-90 和图 8-91 所示。

22 添加文字。单击工具栏中的"横版文字工具"，在选项栏中设置字体为"Adobe 黑体 Std"，字号为 30 点，颜色为白色，输入文字"OFF"，如图 8-92 和图 8-93 所示。

图 8-88

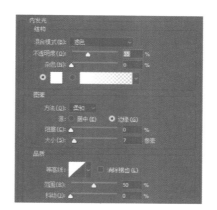

图 8-89

图 8-90

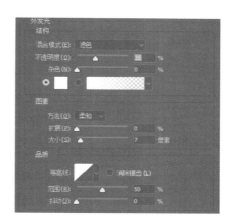

图 8-91

图 8-92

图 8-93

23 添加投影。执行"添加图层样式" fx. → "投影"，设置参数，添加投影效果，如图 8-94 和图 8-95 所示。

24 添加光泽。执行"添加图层样式" fx. → "光泽"，设置参数，添加光泽效果，如图 8-96 和图 8-97 所示。

图 8-94                                    图 8-95

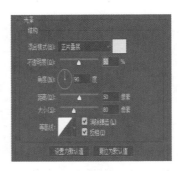

图 8-96                                    图 8-97

25 添加外发光。执行"添加图层样式" *fx.* → "外发光"，设置参数，添加外发光效果，如图 8-98 和图 8-99 所示。

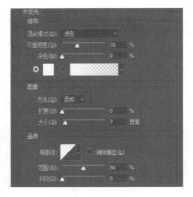

图 8-98                                    图 8-99

## 8.3　金属质感旋钮设计

如今，主流图标风格还是以简单为主，越简单则越会受到人们的喜爱。本案例的金属质感的图标，体现出大气和简洁。

## 8.3.1　设计构思

本例制作金属质感旋钮。首先利用渐变叠加使其具有金属色泽，并具有旋钮拉丝的金属效果，最后绘制上图标等其他细节。

## 8.3.2　操作步骤

**01** 新建文件。 执行"文件"→"新建"命令，在弹出的"新建"对话框中创建 400×300px、背景色为白色的空白文档，完成后单击"创建"按钮结束操作，如图 8-100 所示。

**02** 添加椭圆。单击工具栏中的"椭圆工具"按钮，在选项栏中选择工具的模式为"形状"，设置填充为白色，按住 Shift 键，在页面中绘制正圆，如图 8-101 所示。

图 8-100

图 8-101

**03** 添加渐变叠加。执行"添加图层样式" *fx.* →"渐变叠加"，设置参数，添加渐变叠加效果，如图 8-102 和图 8-103 所示。

图 8-102

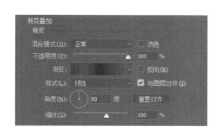

图 8-103

**04** 添加内发光叠加。执行"添加图层样式" *fx.* →"内发光"，设置参数，添加内发光效果，如图 8-104 和图 8-105 所示。

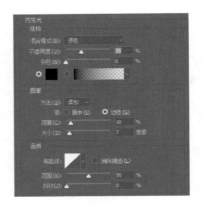

图 8-104                                    图 8-105

05 添加斜面和浮雕。执行"添加图层样式" fx →"斜面和浮雕"，设置参数，添加斜面和浮雕效果，如图 8-106 和图 8-107 所示。

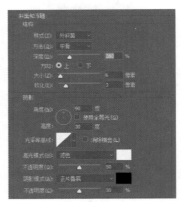

图 8-106                                    图 8-107

06 添加光泽。执行"添加图层样式" fx →"光泽"，设置参数，添加光泽，如图 8-108 和图 8-109 所示。

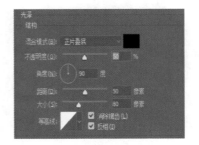

图 8-108                                    图 8-109

07 添加投影。执行"添加图层样式" fx →"投影"，设置参数，添加投影，如图 8-110 和图 8-111 所示。

图 8-110

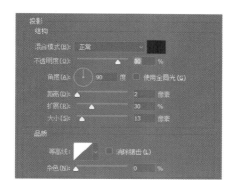

图 8-111

08 添加椭圆。单击工具栏中的"椭圆工具"按钮,在选项栏中选择工具的模式为"形状",设置填充为白色,按住 Shift 键,在界面中绘制正圆,如图 8-112 和图 8-113 所示。

图 8-112

图 8-113

09 添加渐变叠加。执行"添加图层样式" fx. →"渐变叠加",设置参数,添加渐变叠加效果,如图 8-114 和图 8-115 所示。

图 8-114

图 8-115

10 添加描边。执行"添加图层样式" fx. →"描边",设置参数,添加描边效果,如图 8-116 和图 8-117 所示。

11 添加光泽。执行"添加图层样式" fx. →"光泽",设置参数,添加光泽效果,如图 8-118 和图 8-119 所示。

图 8-116

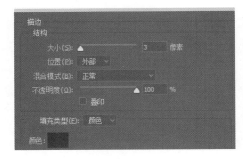

图 8-117

图 8-118

图 8-119

12 添加投影。执行"添加图层样式" fx. →"投影",设置参数,添加投影效果,如图 8-120 和图 8-121 所示。

图 8-120

图 8-121

13 绘制三角形。单击工具栏中的"多边形工具",在选项栏中选择工具模式为"形状",设置填充色为白色,如图 8-122 和图 8-123 所示。

图 8-122

图 8-123

14 添加渐变叠加。执行"添加图层样式" *fx.* →"渐变叠加",设置参数,添加渐变叠加效果,如图 8-124 和图 8-125 所示。

图 8-124

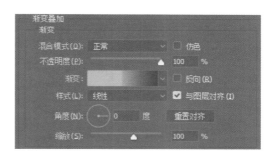

图 8-125

15 添加光泽。执行"添加图层样式" *fx.* →"光泽",设置参数,添加光泽效果,如图 8-126 和图 8-127 所示。

图 8-126

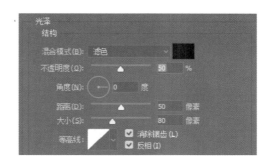

图 8-127

16 添加描边。执行"添加图层样式" *fx.* →"描边",设置参数,添加描边效果,如图 8-128 和图 8-129 所示。

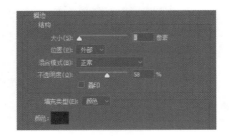

图 8-128                                       图 8-129

**17** 添加投影。执行"添加图层样式" *fx.*→"投影",设置参数,添加投影效果,如图 8-130 和图 8-131 所示。

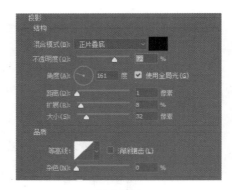

图 8-130                                       图 8-131

**18** 添加椭圆。单击工具栏中的"椭圆工具"按钮,在选项栏中选择工具的模式为"形状",设置填充为白色,按住 Shift 键,在界面中绘制正圆,如图 8-132 和图 8-133 所示。

图 8-132                                       图 8-133

**19** 添加渐变叠加。执行"添加图层样式" *fx.*→"渐变叠加",设置参数,添加渐变叠加效果,如图 8-134 和图 8-135 所示。

图 8-134

图 8-135

⟨20⟩ 添加投影。执行"添加图层样式" *fx.* → "投影"，设置参数，添加投影效果，如图 8-136 和图 8-137 所示。

图 8-136

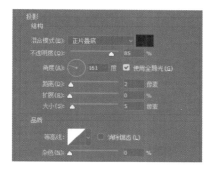

图 8-137

⟨21⟩ 添加斜面和浮雕。执行"添加图层样式" *fx.* → "斜面和浮雕"，设置参数，添加斜面和浮雕效果，如图 8-138 和图 8-139 所示。

图 8-138

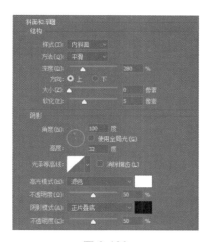

图 8-139

22 添加椭圆。单击工具栏中的"椭圆工具"按钮，在选项栏中选择工具的模式为"形状"，设置填充为白色，按住 Shift 键，在界面中绘制正圆，如图 8-140 和图 8-141 所示。

图 8-140                                       图 8-141

23 添加渐变叠加。执行"添加图层样式" fx. →"渐变叠加"，设置参数，添加渐变叠加效果，如图 8-142 和图 8-143 所示。

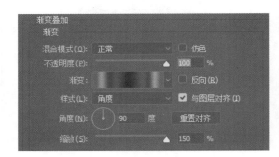

图 8-142                                       图 8-143

24 添加投影。执行"添加图层样式" fx. →"投影"，设置参数，添加投影效果，如图 8-144 和图 8-145 所示。

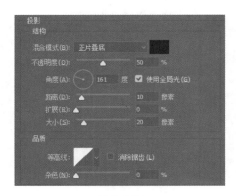

图 8-144                                       图 8-145

25 添加椭圆。单击工具栏中的"椭圆工具"按钮，在选项栏中选择工具的模式为"形状"，设置填充为黑色，按住 Shift 键，在界面中绘制正圆，如图 8-146 和图 8-147 所示。

图 8-146

图 8-147

26 添加颜色叠加。执行"添加图层样式" _fx_ →"颜色叠加"，设置参数，添加颜色叠加效果，如图 8-148 和图 8-149 所示。

图 8-148

图 8-149

27 复制图层。单击"椭圆 5"，按下 Ctrl+J 组合键复制图层，并将其移动至相应的位置，如图 8-150 和图 8-151 所示。

图 8-150

图 8-151

28 重复以上操作，如图 8-152 和图 8-153 所示。

图 8-152

图 8-153

# 8.4 进度按钮设计

当下载一个比较大的文件时，可能要等一会儿才能下载完成，下载进度可以提示用户当前已经下载了多少，预计多久可以下载完成等信息。当下载进度较慢时，人们很容易产生焦虑感，这时，一个优美并有创意的下载进度按钮会让人感觉等待时间不是那么漫长。

## 8.4.1 设计构思

本例是一个扁平化的下载进度按钮设计。首先使用深浅不一的黑色配合图层样式做出立体效果，再通过渐变叠加制作出渐变的加载圆盘，采用的彩色加载圆环有效地缓解了人们的视觉疲劳，降低了焦躁感。最后绘制中间的进度百分比，使得整个按钮更有层次感和趣味感。

## 8.4.2 操作步骤

01 新建文件。执行"文件"→"新建"命令，在弹出的"新建"对话框中，创建 400×300 像素、背景色为 #212121 的空白文档，完成后单击"创建"按钮结束操作，如图 8-154 所示。

02 添加正圆。单击工具栏中的"椭圆工具"按钮，在选项栏中选择工具的模式为"形状"，设置填充为白色，按住 Shift 键，在界面中绘制正圆，如图 8-155 和图 8-156 所示。

图 8-154

03 添加渐变叠加。执行"添加图层样式" *fx* →"渐变叠加"，设置参数，添加渐变叠加效果，如图 8-157 和图 8-158 所示。

图 8-155

图 8-156

图 8-157

图 8-158

04 添加投影。执行"添加图层样式" *fx.* →"投影",设置参数,添加投影效果,如图 8-159 和图 8-160 所示。

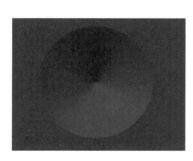

图 8-159

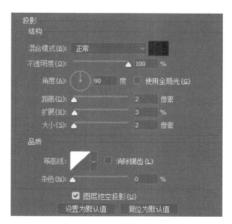

图 8-160

05 添加正圆。单击工具栏中的"椭圆工具"按钮,在选项栏中选择工具的模式为"形状",设置填充为白色,按住 Shift 键,在界面中绘制正圆,如图 8-161 和图 8-162 所示。

图 8-161

图 8-162

06 添加渐变叠加。执行"添加图层样式" fx. →"渐变叠加"，设置参数，添加渐变叠加效果，如图 8-163 和图 8-164 所示。

图 8-163

图 8-164

07 添加斜面和浮雕。执行"添加图层样式" fx. →"斜面和浮雕"，设置参数，添加斜面与浮雕效果，如图 8-165 和图 8-166 所示。

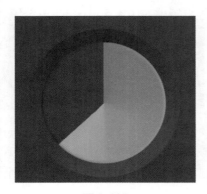

图 8-165

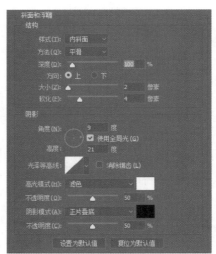

图 8-166

08　添加内阴影。执行"添加图层样式" fx → "内阴影"，设置参数，添加内阴影效果，如图 8-167 和图 8-168 所示。

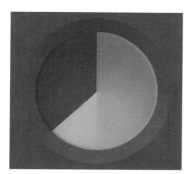

图 8-167

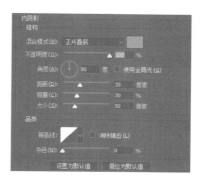

图 8-168

09　添加外发光。执行"添加图层样式" fx → "外发光"，设置参数，添加外发光效果，如图 8-169 和图 8-170 所示。

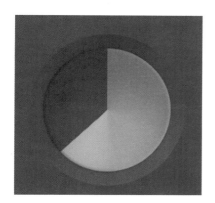

图 8-169

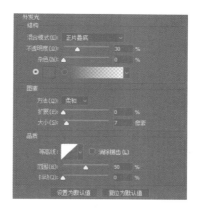

图 8-170

10　添加投影。执行"添加图层样式" fx → "投影"，设置参数，添加投影效果，如图 8-171 和图 8-172 所示。

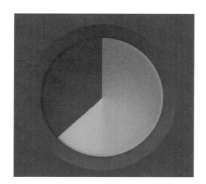

图 8-171

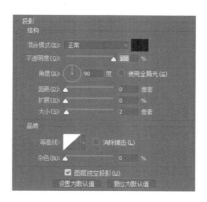

图 8-172

11 添加正圆。单击工具栏中的"椭圆工具"按钮，在选项栏中选择工具的模式为"形状"，设置填充为白色，按住 Shift 键，在界面中绘制正圆，如图 8-173 和图 8-174 所示。

图 8-173                    图 8-174

12 添加渐变叠加。执行"添加图层样式" fx →"渐变叠加"，设置参数，添加渐变叠加效果，如图 8-175 和图 8-176 所示。

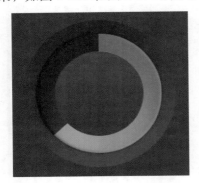

图 8-175                    图 8-176

13 添加描边。执行"添加图层样式" fx →"描边"，设置参数，添加描边效果，如图 8-177 和图 8-178 所示。

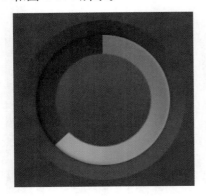

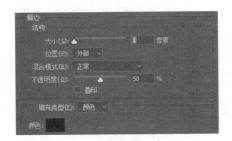

图 8-177                    图 8-178

14 添加斜面和浮雕。执行"添加图层样式" fx →"斜面和浮雕"，设置参数，添加斜面与浮雕效果，如图 8-179 和图 8-180 所示。

图 8-179

图 8-180

15 添加光泽。执行"添加图层样式" fx. →"光泽"，设置参数，添加光泽效果，如图 8-181 和图 8-182 所示。

图 8-181

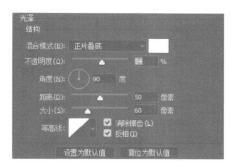

图 8-182

16 添加投影。执行"添加图层样式" fx. →"投影"，设置参数，添加投影效果，如图 8-183 和图 8-184 所示。

图 8-183

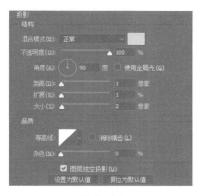

图 8-184

17 添加文字。单击工具栏中的"横版文字工具"，在选项栏中设置字体为"华文行楷"，字号为36点，颜色为白色，输入文字"67%"，如图8-185和图8-186所示。

图 8-185

图 8-186

## 8.5 透明界面按钮设计

半透明的菜单界面按钮给人以晶莹剔透、时尚前卫的感觉，特别是经过细致处理的小按钮和小图标，更是"点睛"的关键。

### 8.5.1 设计构思

本例制作具有半透明效果的菜单界面按钮。首先采用圆角矩形画出造型，之后通过调整透明度、添加图层样式等方法，使其看起来半透明而且具有立体感，最后绘制出各种立体感的图标。

### 8.5.2 操作步骤

01 打开文件。执行"文件"→"打开"，在弹出的"打开"对话框中选择素材文件，单击"打开"按钮，并点击"背景"图层后面的锁头图标，解锁图层，如图8-187所示。

02 绘制圆角矩形。单击工具栏中的"圆角矩形工具"，在选项栏中选择工具模式的"形状"，设置填充颜色为白色，填充为50%，如图8-188和图8-189所示。

图 8-187

图 8-188

图 8-189

03 添加渐变叠加。执行"添加图层样式" fx. →"渐变叠加"，设置参数，添加渐变叠加效果，如图 8-190 和图 8-191 所示。

图 8-190

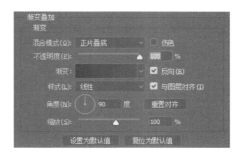

图 8-191

04 添加斜面和浮雕。执行"添加图层样式" fx → "斜面和浮雕"，设置参数，添加斜面与浮雕效果，如图 8-192 和图 8-193 所示。

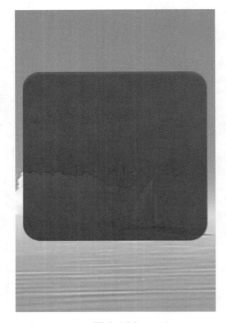

图 8-192　　　　　　　　　　　　　　　　图 8-193

05 添加投影。执行"添加图层样式" fx → "投影"，设置参数，添加投影效果，如图 8-194 和图 8-195 所示。

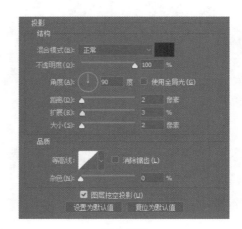

图 8-194　　　　　　　　　　　　　　　　图 8-195

06 添加五角星形状。单击工具栏中的"自定义形状工具"，在选项栏中选择工具模式的"形状"，设置填充颜色为白色，如图 8-196 和图 8-197 所示。

图 8-196

图 8-197

07 添加描边。执行"添加图层样式" fx → "描边"，设置参数，添加描边效果，如图 8-198 和图 8-199 所示。

图 8-198

图 8-199

08 添加投影。执行"添加图层样式" *fx* →"投影"，设置参数，添加投影效果，如图 8-200 和图 8-201 所示。

图 8-200                                    图 8-201

09 添加内阴影。执行"添加图层样式" *fx* →"内阴影"，设置参数，添加内阴影效果，如图 8-202 和图 8-203 所示。

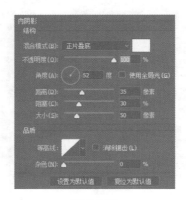

图 8-202                                    图 8-203

10 添加文字。单击工具栏中的"横版文字工具"，在选项栏中设置字体为 Fixedsys，字号为 10 点，颜色为白色，输入文字"个人收藏"，如图 8-204 和图 8-205 所示。

图 8-204

图 8-205

11 添加正圆。单击工具栏中的"椭圆工具"按钮，在选项栏中选择工具的模式为"形状"，设置填充为白色，按住 Shift 键，在界面中绘制正圆，如图 8-206 和图 8-207 所示。

图 8-206

图 8-207

12 添加外发光。执行"添加图层样式" *fx,* →"外发光",设置参数,添加外发光效果,如图 8-208 和图 8-209 所示。

图 8-208

图 8-209

13 添加内发光。执行"添加图层样式" *fx,* →"内发光",设置参数,添加内发光效果,如图 8-210 和图 8-211 所示。

图 8-210

图 8-211

14　绘制圆角矩形。单击工具栏中的"圆角矩形工具"，在选项栏中选择工具模式为"形状"，设置填充颜色为白色，如图 8-212 和图 8-213 所示。

图 8-212　　　　　　　　　　　　　　　　　图 8-213

15　添加描边。执行"添加图层样式" fx.→"描边"，设置参数，添加描边效果，如图 8-214 和图 8-215 所示。

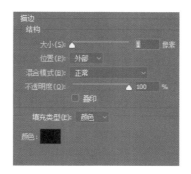

图 8-214　　　　　　　　　　　　　　　　　图 8-215

16 添加投影。执行"添加图层样式" _fx_→"投影",设置参数,添加投影效果,如图 8-216 和图 8-217 所示。

图 8-216

图 8-217

17 添加斜面和浮雕。执行"添加图层样式" _fx_→"斜面和浮雕",设置参数,添加斜面与浮雕效果,如图 8-218 和图 8-219 所示。

图 8-218

图 8-219

18 添加文字。单击工具栏中的"横版文字工具"，在选项栏中设置字体为 Fixedsys，字号为 10 点，颜色为白色，输入文字"主菜单"，如图 8-220 和图 8-221 所示。

图 8-220

图 8-221

19 绘制圆角矩形。单击工具栏中的"圆角矩形工具"，在选项栏中选择工具模式为"形状"，设置填充颜色为白色，如图 8-222 和图 8-223 所示。

图 8-222

图 8-223

20 添加描边。执行"添加图层样式" fx→"描边"，设置参数，添加描边效果，如图 8-224 和图 8-225 所示。

图 8-224                           图 8-225

21 添加投影。执行"添加图层样式" fx→"投影"，设置参数，添加投影效果，如图 8-226 和图 8-227 所示。

图 8-226                           图 8-227

22 添加颜色叠加。执行"添加图层样式" fx, →"颜色叠加"，设置参数，添加颜色叠加效果，如图 8-228 和图 8-229 所示。

图 8-228

图 8-229

23 绘制圆角矩形。单击工具栏中的"圆角矩形工具"，在选项栏中选择工具模式为"形状"，设置填充颜色为白色，如图 8-230 和图 8-231 所示。

图 8-230

图 8-231

24 添加渐变叠加。执行"添加图层样式" fx →"渐变叠加",设置参数,添加渐变叠加效果,如图 8-232 和图 8-233 所示。

图 8-232

图 8-233

25 添加外发光。执行"添加图层样式" fx →"外发光",设置参数,添加外发光效果,如图 8-234 和图 8-235 所示。

图 8-234

图 8-235

26 添加正圆。单击工具栏中的"椭圆工具"按钮，在选项栏中选择工具的模式为"形状"，设置填充为 #303030，按住 Shift 键，在界面中绘制正圆，如图 8-236 和图 8-237 所示。

图 8-236

图 8-237

27 添加内发光。执行"添加图层样式" fx. →"内发光"，设置参数，添加内发光效果，如图 8-238 和图 8-239 所示。

图 8-238

图 8-239

28 添加光泽。执行"添加图层样式" fx. →"光泽",设置参数,添加光泽效果,如图 8-240 和图 8-241 所示。

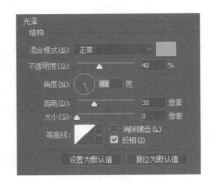

图 8-240　　　　　　　　　　　　　　图 8-241

29 添加文字。单击工具栏中的"横版文字工具",在选项栏中设置字体为 Fixedsys,字号为 10 点,颜色为白色,输入文字"设备",如图 8-242 和图 8-243 所示。

图 8-242　　　　　　　　　　　　　　图 8-243

30 添加正圆。单击工具栏中的"椭圆工具"按钮，在选项栏中选择工具的模式为"形状"，设置填充为白色，按住 Shift 键，在界面中绘制正圆，如图 8-244 和图 8-245 所示。

图 8-244

图 8-245

31 添加渐变叠加。执行"添加图层样式" fx. →"渐变叠加"，设置参数，添加渐变叠加效果，如图 8-246 和图 8-247 所示。

图 8-246

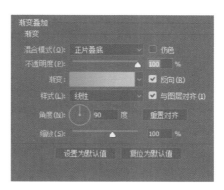

图 8-247

32 添加描边。执行"添加图层样式" *fx*→"描边",设置参数,添加描边效果,如图 8-248 和图 8-249 所示。

图 8-248                                          图 8-249

33 添加外发光。执行"添加图层样式" *fx*→"外发光",设置参数,添加外发光效果,如图 8-250 和图 8-251 所示。

图 8-250                                          图 8-251

34 添加正圆。单击工具栏中的"椭圆工具"按钮，在选项栏中选择工具的模式为"形状"，设置填充为白色，按住 Shift 键，在界面中绘制正圆，如图 8-252 和图 8-253 所示。

图 8-252

图 8-253

35 添加渐变叠加。执行"添加图层样式"  → "渐变叠加"，设置参数，添加渐变叠加效果，如图 8-254 和图 8-255 所示。

图 8-254

图 8-255

36 添加描边。执行"添加图层样式" $fx$ →"描边"，设置参数，添加描边效果，如图 8-256 和图 8-257 所示。

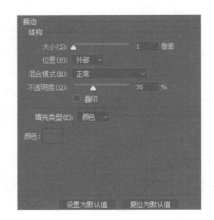

图 8-256

图 8-257

37 添加外发光。执行"添加图层样式" $fx$ →"外发光"，设置参数，添加外发光效果，如图 8-258 和图 8-259 所示。

图 8-258

图 8-259

38 添加正圆。单击工具栏中的"椭圆工具"按钮，在选项栏中选择工具的模式为"形状"，设置填充为白色，按住 Shift 键，在界面中绘制正圆，如图 8-260 和图 8-261 所示。

图 8-260

图 8-261

39 添加描边。执行"添加图层样式" fx, →"描边"，设置参数，添加描边效果，如图 8-262 和图 8-263 所示。

图 8-262

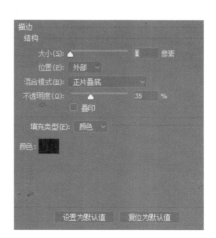

图 8-263

40 添加内发光。执行"添加图层样式" fx.→"内发光",设置参数,添加内发光效果,如图 8-264 和图 8-265 所示。

图 8-264

图 8-265

41 添加光泽。执行"添加图层样式" fx.→"光泽",设置参数,添加光泽效果,如图 8-266 和图 8-267 所示。

图 8-266

图 8-267

42 添加文字。单击工具栏中的"横版文字工具",在选项栏中设置字体为 Fixedsys,

字号为 10 点，颜色为白色，输入文字"手势"，如图 8-268 和图 8-269 所示。

图 8-268

图 8-269

# 8.6 滑动控件设计

鲜明的色彩可以给人以清晰舒爽的视觉效果，立体的效果可以给人以十足的空间感。滑动控件是手机界面重要的组成元素之一，设计时要保持风格的一致性。

## 8.6.1 设计构思

本例制作手机滑动调节控件。首先采用圆角矩形工具，绘制滑动控件的滚动条，然后使用椭圆工具绘制滑动控件的滑动按钮，最后使用渐变工具，使控件具有很好的色彩视觉效果。

## 8.6.2 操作步骤

**01** 新建文件。执行"文件"→"新建"命令，在弹出的"新建"对话框中创建 400×300 像素、背景色为白色的空白文档，完成后单击"创建"按钮结束操作，如图 8-270 所示。

**02** 绘制背景。单击"背景"图层后面的锁头图标，解锁图层，

图 8-270

设置前景色为 #2d3f49,按下 Alt+Delete 组合键将背景填充为前景色,如图 8-271 和图 8-272 所示。

图 8-271

图 8-272

03 添加杂色。执行"滤镜"→"杂色"→"添加杂色"命令,设置参数,添加杂色效果,如图 8-273 和图 8-274 所示。

图 8-273

图 8-274

04 绘制圆角矩形。单击工具栏中的"圆角矩形工具",在选项栏中选择工具模式的"形状",设置填充颜色为白色。如图 8-275 和图 8-276 所示。

图 8-275

图 8-276

**05** 添加渐变叠加。执行"添加图层样式" *fx.*→"渐变叠加",设置参数,添加渐变叠加效果,如图 8-277 和图 8-278 所示。

图 8-277

图 8-278

**06** 添加图案叠加。执行"添加图层样式" *fx.*→"图案叠加",设置参数,添加图案叠加效果,如图 8-279 和图 8-280 所示。

图 8-279

图 8-280

**07** 添加内阴影。执行"添加图层样式" *fx.*→"内阴影",设置参数,添加内阴影效果,如图 8-281 和图 8-282 所示。

图 8-282

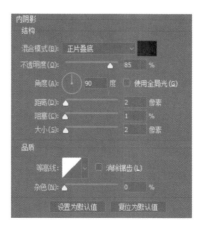

图 8-282

**08** 添加投影。执行"添加图层样式" *fx.*→"投影",设置参数,添加投影效果,如图 8-283 和图 8-284 所示。

图 8-283

图 8-284

09 添加正圆。单击工具栏中的"椭圆工具"按钮，在选项栏中选择工具的模式为"形状"，设置填充为白色，按住 Shift 键，在界面中绘制正圆，如图 8-285 和图 8-286 所示。

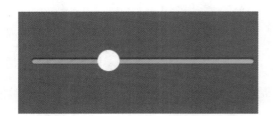

图 8-285

图 8-286

10 添加渐变叠加。执行"添加图层样式" *fx.*→"渐变叠加"，设置参数，添加渐变叠加效果，如图 8-287 和图 8-288 所示。

图 8-287

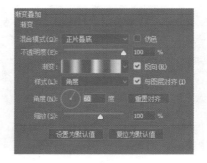

图 8-288

11 添加斜面和浮雕。执行"添加图层样式" *fx.*→"斜面和浮雕"，设置参数，添加斜面与浮雕效果，如图 8-289 和图 8-290 所示。

图 8-289

图 8-290

12 添加投影。执行"添加图层样式" *fx.*→"投影"，设置参数，添加投影效果，如图 8-291 和图 8-292 所示。

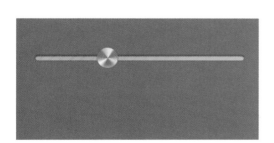

图 8-291

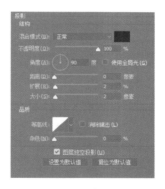

图 8-292

13 添加外发光。执行"添加图层样式" *fx.*→"外发光"，设置参数，添加外发光效果，如图 8-293 和图 8-294 所示。

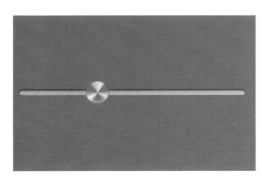

图 8-293

图 8-294

## 8.7　UI 设计师必读：如何设计按钮

设计按钮的方法有很多，但是基本准则却只有那么几种。设计按钮时，除了要考虑美观感方面的视觉效果外，还要根据它们的用途来进行一些人性化的设计，比如分组、醒目、用词等，下面就简单给出按钮设计的几点重要建议。

### 8.7.1　关联分组

可以把有关联的按钮放在一起，这样可以表现出统一的感觉（图 8-295）。

### 8.7.2　层级关系

把没有关联的按钮拉开一定距离（图 8-296），这样既可以较好地区分，又可以体现出层级关系。

图 8-295

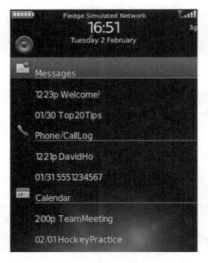

图 8-296

### 8.7.3　善用阴影

阴影能产生视觉对比，可以引导用户看更加明亮的地方。

### 8.7.4　圆角边界

用圆角来定义边界，不仅清晰，还很明显（图 8-297），而直角通常被用来"分割"内容。

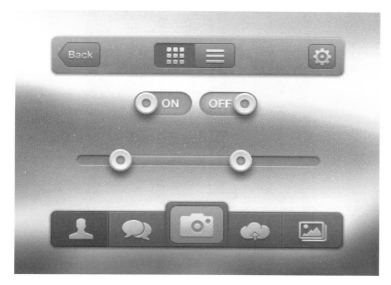

图 8-297

### 8.7.5　强调重点

同一级别的按钮，我们要突出设计作用最重要的那个（图 8-298）。

图 8-298

### 8.7.6　按钮尺寸

设计时，尽量加大触摸点击面积，因为块状按钮的触摸面积相对较大，会让用户点击变得更加容易（图 8-299）。

图 8-299

### 8.7.7 表述必须明确

当用户看到"确定"、"取消"以及"是"、"否"等提示按钮的时候,需要思考两次才能确认。如果看到"保存"、"付款"等提示按钮,用户可以直接拿定主意进行操作。所以,按钮表述必须明确。

# 第 9 章

## APP 中的界面设计

　　本章主要收录了四个界面制作的实战案例，涉及设置图层的样式效果、改变图形的显示区域等技巧。通过这些实战练习，读者可以掌握更多 APP 界面设计方法，使自己的作品显示出更加丰富多彩的视觉效果。

## 关键知识点：

颜色搭配

氛围表现

蒙版应用

个性创意界面设计

## 9.1 Loading 游戏加载界面设计

当进行页面加载时，短暂的等待中，所看到的界面如果能给人带来美的享受，用户就不会觉得等待是漫长的。只有精致的细节设计，才是最能考验设计师的技术的，同时也是最能打动人心的。

### 9.1.1 设计构思

本例制作 Loading 游戏加载界面。首先以炫酷的星空图作为背景，通过添加图层样式使加载条表现出立体感，整体颜色配合符合游戏加载页面的意境，然后添加文字突出主题，最后添加一些游戏元素，使整体更加契合。

### 9.1.2 操作步骤

**01** 打开文件。执行"文件"→"打开"命令，在弹出的"打开"对话框中选择素材文件，完成后单击"确定"按钮，如图 9-1 和图 9-2 所示。

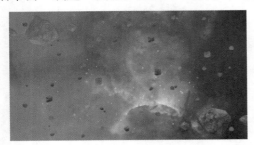

图 9-1　　　　　　　　　　　　　　　　图 9-2

**02** 绘制矩形。单击工具栏中的"矩形工具"按钮，在选项栏中选择工具的模式为"形状"，填充颜色为 #72d5d6，绘制矩形，不透明度设为 14%，如图 9-3 和图 9-4 所示。

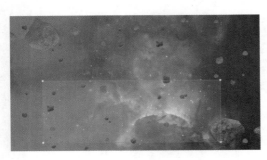

图 9-3　　　　　　　　　　　　　　　　图 9-4

03 添加描边。执行"添加图层样式" *fx.* →"描边"命令，打开"图层样式"面板，选择"描边"选项，设置参数，添加描边效果，如图 9-5 和图 9-6 所示。

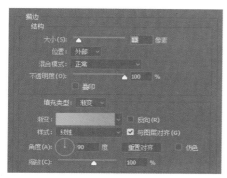

图 9-5

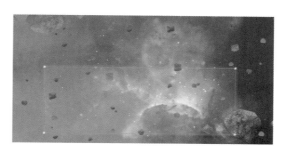

图 9-6

04 添加光泽。在打开的"图层样式"对话框中选择"光泽"选项，设置参数，填充颜色为 #87e6ec，添加光泽效果，如图 9-7 和图 9-8 所示。

图 9-7

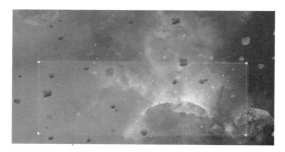

图 9-8

05 绘制圆角矩形。新建图层，单击工具栏中的"圆角矩形工具"按钮，在选项栏中选择工具的模式为"形状"，颜色填充为 #c4c7ce，绘制圆角矩形，如图 9-9 和图 9-10 所示。

图 9-9

图 9-10

06 添加描边。执行"添加图层样式" *fx.* →"描边"命令，打开"图层样式"面板，选择"描边"选项，设置参数，添加描边效果，如图 9-11 和图 9-12 所示。

图 9-11            图 9-12

07 添加内发光。在打开的"图层样式"对话框中选择"内发光"选项，设置参数，添加内发光效果，如图 9-13 和图 9-14 所示。

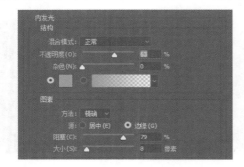 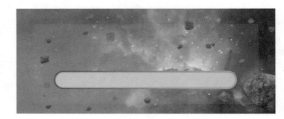

图 9-13            图 9-14

08 添加外发光。在打开的"图层样式"对话框中选择"外发光"选项，设置参数，添加外发光效果，如图 9-15 和图 9-16 所示。

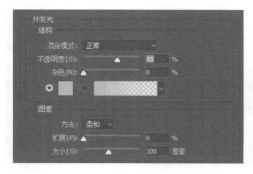 

图 9-15            图 9-16

09 绘制圆角矩形。新建图层，单击工具栏中的"圆角矩形工具"按钮，在选项栏中选择工具的模式为"形状"，填充颜色为 #b5d1e4，绘制圆角矩形，如图 9-17 和图 9-18 所示。

图 9-17

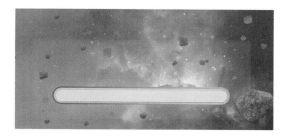

图 9-18

**10** 添加描边。执行"添加图层样式" _fx_ →"描边"命令,打开"图层样式"面板,选择"描边"选项,设置参数,添加描边效果,如图 9-19 和图 9-20 所示。

图 9-19

图 9-20

**11** 添加内阴影。在打开的"图层样式"对话框中选择"内阴影"选项,设置参数,添加内阴影效果,如图 9-21 和图 9-22 所示。

图 9-21

图 9-22

**12** 添加渐变叠加。在打开的"图层样式"对话框中选择"渐变叠加"选项,设置参数,添加渐变叠加效果,如图 9-23 和图 9-24 所示。

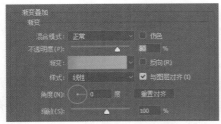

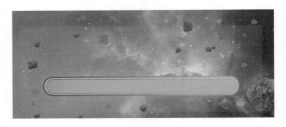

图 9-23    图 9-24

13 绘制圆角矩形。新建图层，单击工具栏中的"圆角矩形工具"按钮，在选项栏中选择工具的模式为"形状"，绘制圆角矩形，如图 9-25 和图 9-26 所示。

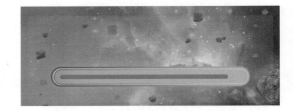

图 9-25    图 9-26

14 添加描边。执行"添加图层样式" fx. →"描边"命令，打开"图层样式"面板，选择"描边"选项，设置参数，添加描边效果，如图 9-27 和图 9-28 所示。

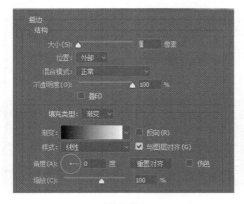

图 9-27    图 9-28

15 添加渐变叠加。在打开的"图层样式"对话框中选择"渐变叠加"选项，设置参数，添加渐变叠加效果，如图 9-29 和图 9-30 所示。

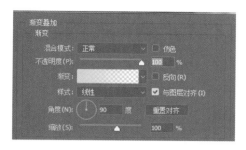

图 9-29

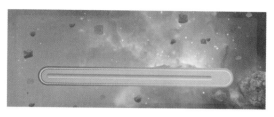

图 9-30

**16** 绘制圆角矩形。新建图层,单击工具栏中的"圆角矩形工具"按钮,在选项栏中选择工具的模式为"形状",填充颜色为 #03b5ff,绘制圆角矩形,如图 9-31 和图 9-32 所示。

图 9-31

图 9-32

**17** 添加描边。执行"添加图层样式" 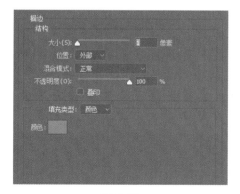 →"描边"命令,打开"图层样式"面板,选择"描边"选项,设置参数,添加描边效果,如图 9-33 和图 9-34 所示。

图 9-33

图 9-34

**18** 添加光泽。在打开的"图层样式"对话框中选择"光泽"选项,设置参数,添加光泽效果,如图 9-35 和图 9-36 所示。

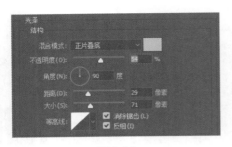

图 9-35 图 9-36

19 添加渐变叠加。在打开的"图层样式"对话框中选择"渐变叠加"选项，设置参数，添加渐变叠加效果，如图 9-37 和图 9-38 所示。

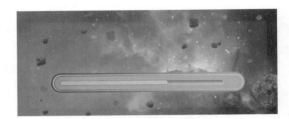

图 9-37 图 9-38

20 添加投影。在打开的"图层样式"对话框中选择"投影"选项，设置参数，添加投影效果，如图 9-39 和图 9-40 所示。

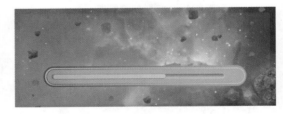

图 9-39 图 9-40

21 添加横排文字。单击工具栏中的"横排文字工具"按钮，在选项栏中选择字体为"黑体"，颜色为 #14262f，添加右侧的文字，如图 9-41 和图 9-42 所示。

图 9-41 图 9-42

**22** 选择陨石。打开"背景"图层，单击工具栏中的"快速选择工具"按钮，选择陨石，单击工具栏中的"选择并遮住"，调整参数，单击"确定"按钮，如 9-43 和图 9-44 所示。

图 9-43

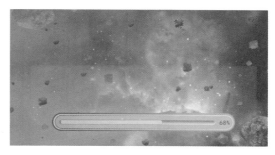

图 9-44

**23** 添加陨石元素。按 Ctrl+J 组合键，复制陨石，创建新的图层。将陨石图层拖到进度条的图层之前，如图 9-45 和图 9-46 所示。

图 9-45

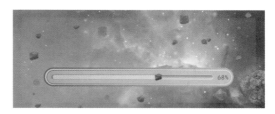

图 9-46

**24** 添加光影。新建图层，单击工具栏中的"画笔工具"按钮，选择星星画笔，在进度条上添加光影效果，如图 9-47 和图 9-48 所示。

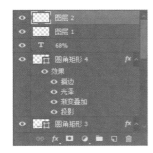

图 9-47

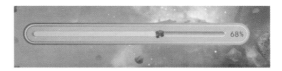

图 9-48

25 添加文字。单击工具栏中的"横排文字工具"按钮,在选项栏中选择英文字体,颜色为 #2ae82e,添加上方的文字,如图 9-49 和图 9-50 所示。

图 9-49

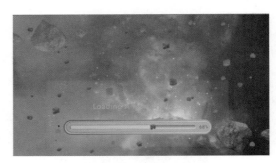

图 9-50

## 9.2 日历和拨号界面设计

日历和拨号界面都是智能手机中常见的界面,一个良好的界面设计应该考虑到布局控制、视觉平衡、色彩搭配和文字的可阅读性这几点。

### 9.2.1 设计构思

本案例涉及日历界面和拨号界面这两个常用界面。日历以粉色为背景,绘制半透明效果,界面活跃又可爱。拨号界面以蓝色的半透明景色为背景,绘制个性化的图标,整体给人舒适的小清新感。

### 9.2.2 操作步骤

01 新建文件。执行"文件"→"新建"命令,在弹出的"新建文档"窗口中,选择新建一个 600×800 像素的文档,如图 9-51 所示。

02 填充背景色。将前景色设置为 #dee4e0,按 Alt + Delete 组合键将前景色填充到"背景"图层,如图 9-52 和图 9-53 所示。

03 导入素材。执行"文件"→"打开"命令,在弹出的"打开"对话框中选择素材文件,完成后单击"确定"按钮,将素材拖曳到场景中,调整为适合的大小,将图层的不透明度调为 76%,如图 9-54 和图 9-55 所示。

图 9-51

04 添加蒙版。单击图层面板下面的"添加图层蒙版" <kbd>▭</kbd> 按钮,为图层添加图层蒙版。单击工具栏中的"渐变工具",将前景色设为黑色,为图层蒙版添加渐变,如图 9-56 到图 9-58 所示。

图 9-52

图 9-53

图 9-54

图 9-55

图 9-56

图 9-57

图 9-58

05 绘制椭圆。新建图层，单击工具栏中的"椭圆工具"按钮，在选项栏中选择工具的模式为"形状"，填充颜色为 #ade1d6，按住 Shift 键绘制正圆，将图层的不透明度设置为 34%，如图 9-59 和图 9-60 所示。

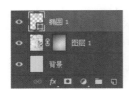

图 9-59                                                    图 9-60

06 添加描边。执行"添加图层样式" →"描边"命令，打开"图层样式"面板，选择"描边"选项，设置参数，添加描边效果，如图 9-61 和图 9-62 所示。

图 9-61                                                    图 9-62

07 添加内发光。在打开的"图层样式"对话框中选择"内发光"选项，设置参数，添加内发光效果，如图 9-63 和图 9-64 所示。

08 添加文字。单击工具栏中的"直排文字工具"按钮，在工具栏中设置字体为"楷体"，字号为 9.25，颜色为黑色，输入年份"2017"，用同样的方法添加月份，如图 9-65 和图 9-66 所示。

09 绘制矩形。新建图层，单击工具栏中的"矩形工具"按钮，在选项栏中选择工具的模式为"形状"，填充颜色为 #ade1d6，将图层的不透明度设置为 50%，如图 9-67 和图 9-68 所示。

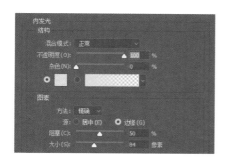

图 9-63

图 9-64

图 9-65

图 9-66

图 9-67

图 9-68

10 添加描边。执行"添加图层样式" fx. → "描边"命令，打开"图层样式"面板，选择"描边"选项，设置参数，添加描边效果，如图 9-69 和图 9-70 所示。

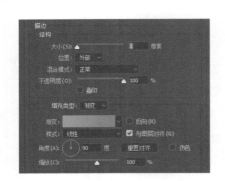

图 9-69　　　　　　　　　　　　　　　　　　图 9-70

11 添加内发光。在打开的"图层样式"界面中选择"内发光"选项，设置参数，添加内发光效果，如图 9-71 和图 9-72 所示。

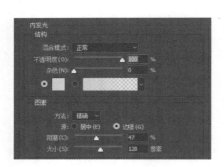

图 9-71　　　　　　　　　　　　　　　　　　图 9-72

12 添加文字。单击工具栏中的"横排文字工具"按钮，在工具栏中设置字体为"仿宋"，字号为 5.57，颜色为黑色，输入文字，如图 9-73 和图 9-74 所示。

13 添加日期。单击工具栏中的"直排文字工具"按钮，在工具栏中设置字体为"仿宋"，字号为 5.57，颜色为黑色，输入文字，如图 9-75 和图 9-76 所示。

14 绘制直线。新建图层，单击工具栏中的"直线工具"按钮，在选项栏中选择工具的模式为"形状"，填充颜色为 #72d5d6，如图 9-77 到图 9-79 所示。

15 添加文字。单击工具栏中的"横排文字工具"按钮，在工具栏中设置字体为"仿宋"，字号为 5，颜色为黑色，输入文字，如图 9-80 和图 9-81 所示。

图 9-73

图 9-74

图 9-75

图 9-76

图 9-78

图 9-79

*(图 9-77 的工具选项栏)*

图 9-77

图 9-80

图 9-81

16 绘制椭圆。新建图层，单击工具栏中的"椭圆工具"按钮，在选项栏中选择工具的模式为"形状"，填充颜色为 #fac7c8，按住 Shift 键绘制正圆，将图层的模式设为"正片叠底"，如图 9-82 和图 9-83 所示。

图 9-82

图 9-83

17 绘制椭圆。新建图层，单击工具栏中的"椭圆工具"按钮，在选项栏中选择工具的模式为"形状"，填充颜色为 #67d6c5，按住 Shift 键绘制正圆，将图层的模式设为"正片叠底"，如图 9-84 和图 9-85 所示。

18 绘制椭圆。新建图层，单击工具栏中的"椭圆工具"按钮，在选项栏中选择工具的模式为"形状"，描边颜色为 #f97399，按住 Shift 键绘制正圆，如图 9-86 和图 9-87 所示。

19 添加文字。单击工具栏中的"横排文字工具"按钮，在选项栏中设置字体为"仿宋"，字号为 5，颜色为黑色，输入文字，如图 9-88 和图 9-89 所示。

20 更多效果。用同样的方法制作其他形状效果，这个日历界面设计图案就完成了，如图 9-90 和图 9-91 所示。

图 9-84

图 9-85

图 9-86

图 9-87

图 9-88

图 9-89

图 9-90

图 9-91

21 新建文件。执行"文件"→"新建"命令，在弹出的"新建文档"对话框中，新建一个 1080×1920 像素的文档，如图 9-92 所示。

22 填充背景色。将前景色设置为 #c6d4e4，按 Alt + Delete 组合键将前景色填充到"背景"图层，如图 9-93 和图 9-94 所示。

23 导入素材。执行"文件"→"打开"命令，在弹出的"打开"对话框中选择素材文件，完成后单击"确定"按钮，将素材拖曳到场景中，调整为适合的大小，将图层的不透明度调为 78%，如图 9-95 和图 9-96 所示。

24 添加蒙版。单击图层面板下面的"添加图层蒙版"  按钮，为图层添加图层蒙版。选择工具栏中的"渐变工具"，将前景色设为黑色，为图层蒙版添加渐变，如图 9-97 到图 9-99 所示。

图 9-92

图 9-93

图 9-94

图 9-95

图 9-96

图 9-97

图 9-98

图 9-99

25 绘制矩形。单击工具栏中的"矩形工具"按钮，在选项栏中选择工具的模式为"形状"，填充颜色为#cbdcdf，绘制矩形，如图 9-100 和图 9-101 所示。

26 添加内阴影。执行"添加图层样式" →"内阴影"命令，打开"图层样式"面板，选择"内阴影"选项，设置参数，填充颜色为# 5cc3d8，添加内阴影效果，如图 9-102 和图 9-103 所示。

27 添加内发光。在打开的"图层样式"面板中，选择"内发光"选项，设置参数，填充颜色为#b9dfdf，添加内发光效果，如图 9-104 和图 9-105 所示。

图 9-100

图 9-101

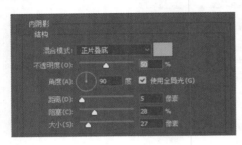

图 9-102

图 9-103

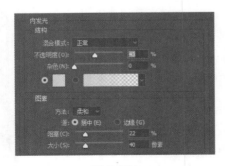

图 9-104

图 9-105

28 绘制形状。单击工具栏中的"钢笔工具"按钮，在选项栏中选择工具的模式为"形状"，描边颜色为白色，绘制状态栏中的形状，如图 9-106 和图 9-107 所示。

29 添加文字。单击工具栏中的"横排文字工具"按钮，在选项栏中选择字体为仿宋，颜色为白色，添加文字，如图 9-108 和图 9-109 所示。

图 9-106

图 9-107

图 9-108

图 9-109

30 绘制矩形。单击工具栏中的"矩形工具"按钮，在选项栏中选择工具的模式为"形状"，填充颜色为 #cbdcdf，绘制矩形，如图 9-110 和图 9-111 所示。

图 9-110

图 9-111

31 绘制形状。单击工具栏中的"钢笔工具"按钮，在选项栏中选择工具的模式为"形状"，描边颜色为白色，绘制天气形状，如图 9-112 和图 9-113 所示。

图 9-112

图 9-113

32 添加文字。单击工具栏中的"横排文字工具"按钮，在选项栏中选择字体为仿宋，颜色为白色，添加文字，如图 9-114 和图 9-115 所示。

图 9-114

图 9-115

33 绘制矩形。单击工具栏中的"矩形工具"按钮，在选项栏中选择工具的模式为"形状"，填充颜色为 #67d6c5，绘制矩形，如图 9-116 和图 9-117 所示。

图 9-116

图 9-117

34　添加描边。执行"添加图层样式" 𝑓𝑥. →"描边"命令，打开"图层样式"面板。选择"描边"选项，设置参数，添加描边效果，如图 9-118 和图 9-119 所示。

图 9-118

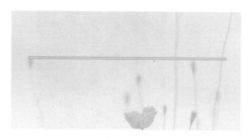

图 9-119

35　添加渐变叠加。在打开的"图层样式"面板中，选择"渐变叠加"选项，设置参数，添加渐变叠加效果，如图 9-120 和图 9-121 所示。

图 9-120

图 9-121

36　添加外发光。在打开的"图层样式"面板中，选择"外发光"选项，设置参数，添加外发光效果，如图 9-122 和图 9-123 所示。

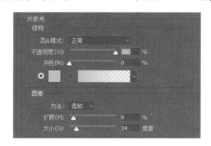

图 9-122

图 9-123

37　绘制形状。单击工具栏中的"钢笔工具"按钮，在选项栏中选择工具的模式为"形状"，描边颜色为白色，绘制形状，如图 9-124 和图 9-125 所示。

38　添加文字。单击工具栏中的"横排文字工具"按钮，在选项栏中选择字体为仿宋，颜色为白色，添加文字，如图 9-126 和图 9-127 所示。

39　绘制椭圆。单击工具栏中的"椭圆工具"按钮，在选项栏中选择工具的模式为"形状"，填充颜色为 #6cdaba，按住 Shift 键绘制正圆，将不透明度设为 50%，如图 9-128 和图 9-129

所示。

图 9-124

图 9-125

图 9-126

图 9-127

图 9-128

图 9-129

40 添加描边。执行"添加图层样式" 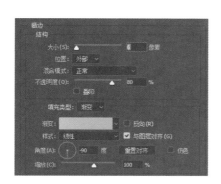 → "描边"命令，打开"图层样式"面板。选择"描边"选项，设置参数，添加描边效果，如图9-130和图9-131所示。

图 9-130

图 9-131

41 添加渐变叠加。在打开的"图层样式"面板中，选择"渐变叠加"选项，设置参数，添加渐变叠加效果，如图9-132和图9-133所示。

图 9-132

图 9-133

42 添加外发光。在打开的"图层样式"面板中，选择"外发光"选项，设置参数，添加外发光效果，如图9-134和图9-135所示。

43 更多按键。用同样的方法绘制同样的效果图，为使图层界面整洁，将按键都放在"拨号盘"的组内，如图9-136和图9-137所示。

44 绘制形状。单击工具栏中的"钢笔工具"按钮，在选项栏中选择工具的模式为"形状"，填充颜色为#c6d4e4，绘制形状，如图9-138到图9-140所示。

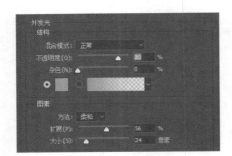

图 9-134

图 9-135

图 9-136

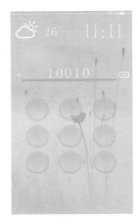

图 9-137

图 9-138

图 9-139

图 9-140

45 添加描边。执行"添加图层样式" *fx.* →"描边"命令，打开"图层样式"面板。选择"描边"选项，设置参数，添加描边效果，如图 9-141 和图 9-142 所示。

图 9-141

图 9-142

46 添加渐变叠加。在打开的"图层样式"面板中，选择"渐变叠加"选项，设置参数，添加渐变叠加效果，如图 9-143 和图 9-144 所示。

图 9-143

图 9-144

47 添加外发光。在打开的"图层样式"面板中，选择"外发光"选项，设置参数，添加外发光效果，如图 9-145 和图 9-146 所示。

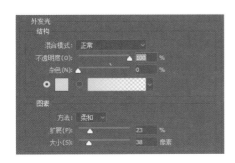

图 9-145

图 9-146

**48** 绘制形状。单击工具栏中的"钢笔工具"按钮，在选项栏中选择工具的模式为"形状"，填充颜色为#c6d4e4，绘制形状，如图9-147和图9-148和图9-149所示。

图 9-147

图 9-148

图 9-149

**49** 添加描边。执行"添加图层样式" →"描边"命令，打开"图层样式"面板。选择"描边"选项，设置参数，添加描边效果，如图9-150和图9-151所示。

图 9-150

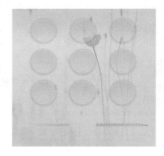

图 9-151

**50** 添加渐变叠加。在打开的"图层样式"面板中，选择"渐变叠加"选项，设置参数，添加渐变叠加效果，如图9-152和图9-153所示。

图 9-152

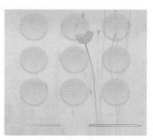

图 9-153

51 添加外发光。在打开的"图层样式"面板中，选择"外发光"选项，设置参数，添加外发光效果，如图 9-154 和图 9-155 所示。

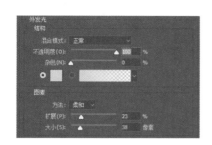

图 9-154

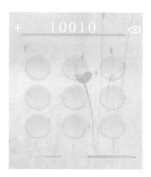

图 9-155

52 添加文字。单击工具栏中的"横排文字工具"按钮，在选项栏中选择英文字体，颜色为 #00a8ff，添加文字，如图 9-156 和图 9-157 所示。

图 9-156

图 9-157

53 绘制圆角矩形。新建图层，单击工具栏中的"圆角矩形工具"按钮，在选项栏中选择工具的模式为"形状"，颜色填充为 #97d1de，绘制圆角矩形，如图 9-158 和图 9-159 所示。

图 9-158

图 9-159

54 添加描边。执行"添加图层样式" fx. →"描边"命令，打开"图层样式"面板。选择"描边"选项，设置参数，添加描边效果，如图 9-160 和图 9-161 所示。

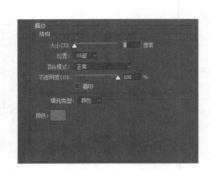

图 9-160

图 9-161

55 添加内发光。在打开的"图层样式"面板中，选择"内发光"选项，设置参数，添加内发光效果，如图 9-162 和图 9-163 所示。

图 9-162

图 9-163

56 添加外发光。在打开的"图层样式"面板中，选择"外发光"选项，设置参数，添加外发光效果，如图 9-164 和图 9-165 所示。

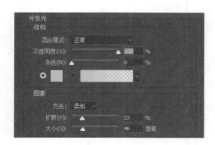

图 9-164

图 9-165

57 绘制形状。单击工具栏中的"钢笔工具"按钮，在选项栏中选择工具的模式为"形状"，填充为空，描边为白色，绘制形状，如图 9-166 到图 9-168 所示。

图 9-166

图 9-167

图 9-168

58 绘制其他形状。用同样的方法，在适当的位置，绘制其他形状，如图 9-169 和图 9-170 所示。

图 9-169

图 9-170

59 添加文字。单击工具栏中的"横排文字工具"按钮，在选项栏中选择英文字体，颜色为白色，添加文字，如 9-171 和图 9-172 所示。

图 9-171

图 9-172

60 添加其他文字。使用同样的方法制作其他文字效果，这个拨号界面设计案例就完成了，如图 9-173 和图 9-174 所示。

图 9-173

图 9-174

## 9.3 清新主题的对话框设计

对话框是人们联络感情、传递信息的媒介，短信、QQ 等聊天工具中都有对话框的身影。一个绚丽多彩的聊天对话框，可以帮使用者打造精彩的聊天体验，而一个个性化的对话框，则可以使人心情愉快。

### 9.3.1 设计构思

本例制作聊天对话框。首先设计一个渐变背景，营造出一种清新的气氛，再通过绘制聊天窗口的其他细节丰富场景，最后绘制清新的对话框和聊天文字来完成这个案例。

### 9.3.2 操作步骤

01 新建文件。执行"文件"→"新建"命令，在弹出的"新建文档"窗口中，选择新建一个 1080×1920 像素的文档，如图 9-175 所示。

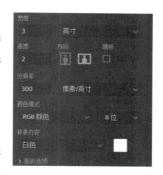

图 9-175

02 填充渐变。新建图层，单击工具栏中的"渐变工具"按钮，为新建图层添加渐变，改变图层不透明度为 65%，如图 9-176 和图 9-177 所示。

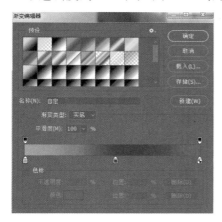

图 9-176

图 9-177

03 绘制矩形。新建图层，单击工具栏中的"矩形工具"按钮，在选项栏中选择工具的模式为"形状"，颜色填充为 #c6d4e4，绘制矩形，将图层的不透明度设为 50%，如图 9-178 和图 9-179 所示。

图 9-178

图 9-179

04 添加斜面和浮雕。执行"添加图层样式" *fx.* →"斜面和浮雕"命令，打开"图层样式"面板。选择"斜面和浮雕"选项，设置参数，添加斜面和浮雕效果，如图 9-180 和图 9-181 所示。

图 9-180

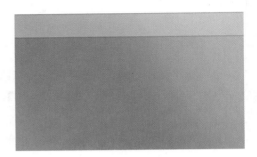

图 9-181

05 绘制矩形。新建图层，单击工具栏中的"矩形工具"按钮，在选项栏中选择工具的模式为"形状"，颜色填充为 #65d4ca，绘制矩形，将图层的不透明度设为 36%，如图 9-182 和图 9-183 所示。

图 9-182

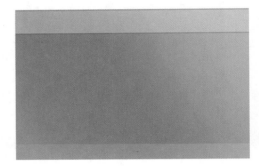

图 9-183

06 添加描边。执行"添加图层样式" *fx.* →"描边"命令，打开"图层样式"面板。选择"描边"选项，设置参数，添加描边效果，如图 9-184 和图 9-185 所示。

图 9-184

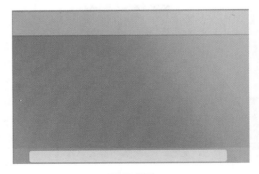

图 9-185

07 添加投影。在打开的"图层样式"面板中，选择"投影"选项，设置参数，添加投影效果，如图 9-186 和图 9-187 所示。

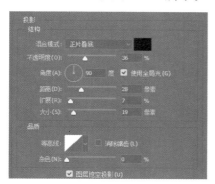

图 9-186           图 9-187

08 添加文字。单击工具栏中的"横排文字工具"按钮，在选项栏中选择字体为仿宋，颜色为白色，添加文字，如图 9-188 和图 9-189 所示。

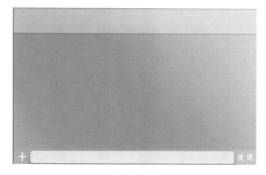

图 9-188           图 9-189

09 绘制形状。单击工具栏中的"钢笔工具"按钮，在选项栏中选择工具的模式为"形状"，描边为白色，绘制形状，如图 9-190 和图 9-191 所示。

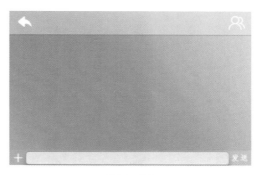

图 9-190           图 9-191

10 绘制圆角矩形。新建图层，单击工具栏中的"圆角矩形工具"按钮，在选项栏中选择工具的模式为"形状"，颜色填充为#c6d4e4，绘制圆角矩形，如图9-192和图9-193所示。

图 9-192

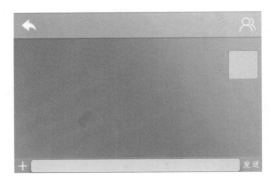

图 9-193

11 添加描边。执行"添加图层样式" *fx.* → "描边"命令，打开"图层样式"面板。选择"描边"选项，设置参数，添加描边效果，如图9-194和图9-195所示。

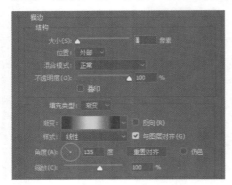

图 9-194

图 9-195

12 添加外发光。在打开的"图层样式"面板中，选择"外发光"选项，设置参数，添加外发光效果，如图9-196和图9-197所示。

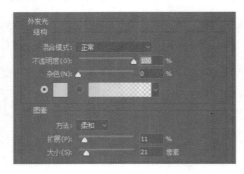

图 9-196

图 9-197

13　绘制圆角矩形。新建图层，单击工具栏中的"圆角矩形工具"按钮，在选项栏中选择工具的模式为"形状"，颜色填充为 #c6d4e4，绘制圆角矩形，利用"添加描点工具"绘制对话框，将图层的不透明度设为 50%，如图 9-198 和图 9-199 所示。

图 9-198

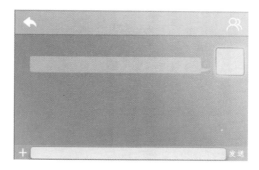

图 9-199

14　添加描边。执行"添加图层样式" 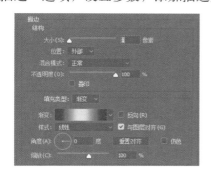 →"描边"命令，打开"图层样式"面板。选择"描边"选项，设置参数，添加描边效果，如图 9-200 和图 9-201 所示。

图 9-200

图 9-201

15　添加外发光。在打开的"图层样式"面板中，选择"外发光"选项，设置参数，添加外发光效果，如图 9-202 和图 9-203 所示。

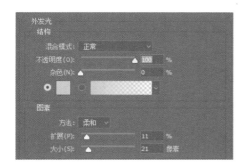

图 9-202

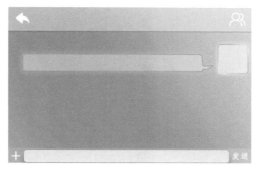

图 9-203

16 添加投影。在打开的"图层样式"面板中选择"投影"选项,设置参数,添加投影效果,如图 9-204 和图 9-205 所示。

图 9-204

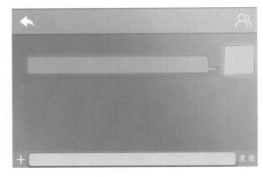

图 9-205

17 打开文件。执行"文件"→"打开"命令,在弹出的窗口中选择素材文件,单击"确定"按钮。将素材文件拖曳到场景中,调整大小和位置,如图 9-206 和图 9-207 所示。

图 9-206

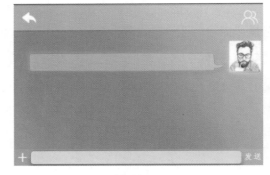

图 9-207

18 创建剪贴图层。在"头像 1"图层右击,选择"创建剪贴蒙版"命令,将头像剪贴到圆角矩形框中,如图 9-208 和图 9-209 所示。

图 9-208

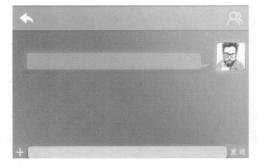

图 9-209

19 添加文字。单击工具栏中的"横排文字工具"按钮,在选项栏中选择字体为仿宋,颜色为白色,添加文字,如图 9-210 和图 9-211 所示。

图 9-210

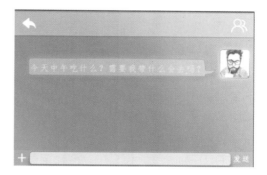

图 9-211

20 绘制其他对话框。用同样的方法绘制更多效果,这样就完成了对话框的案例制作,如图 9-212 和图 9-213 所示。

图 9-212

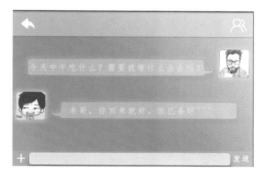

图 9-213

# 9.4 个性化报错界面设计

"报错页面"是指在服务器找不到指定的页面时所显示的画面,如果手机的报错页面都是默认的页面,会显得非常单调。而个性化的报错页面可以减少用户使用时的挫折感,并可表现出网站对用户体验细节的关注。

## 9.4.1 设计构思

本例是个性化报错页面的设计。本例用神秘的磨砂界面来作为报错页面的整体,通过绘制警示符号来强调重点,整体很有设计感和动感,突出了报错界面的主题,让用户感受到高品质的报错界面。

### 9.4.2 操作步骤

**01** 新建文件。执行"文件"→"新建"命令，在弹出的"新建文档"窗口中，选择新建一个 1000×1000 像素的文档，如图 9-214 所示。

**02** 填充渐变。单击工具栏中的"渐变工具"按钮，为背景图层添加渐变，如图 9-215、图 9-216 和图 9-217 所示。

**03** 添加杂色。执行"滤镜"→"杂色"→"添加杂色"命令，在弹出的"添加杂色"窗口中，设置杂色数量，如图 9-218 和图 9-219 所示。

图 9-214

图 9-215

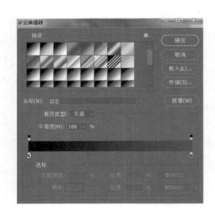

图 9-216

图 9-217

图 9-218

图 9-219

**04** 绘制多边形。新建图层，单击工具栏中的"多边形工具"按钮，在选项栏中选择工具的模式为"形状"，边数设置为3，颜色填充为#c80002，绘制多边形，利用"自由钢笔工具"修饰形状，如图 9-220 和图 9-221 所示。

图 9-220

图 9-221

**05** 添加描边。执行"添加图层样式" fx. →"描边"命令，打开"图层样式"面板。选择"描边"选项，设置参数，添加描边效果，如图 9-222 和图 9-223 所示。

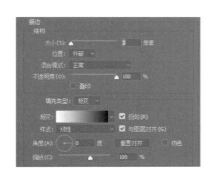

图 9-222

图 9-223

**06** 添加渐变叠加。在打开的"图层样式"面板中，选择"渐变叠加"选项，设置参数，添加渐变叠加效果，如图 9-224 和图 9-225 所示。

图 9-224

图 9-225

07 添加外发光。在打开的"图层样式"面板中，选择"外发光"选项，设置参数，添加外发光效果，如图 9-226 和图 9-227 所示。

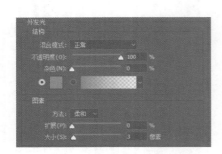

图 9-226

图 9-227

08 绘制多边形。新建图层，单击工具栏中的"多边形工具"按钮，在选项栏中选择工具的模式为"形状"，边数设置为 3，颜色填充为 #ece1e0，绘制多边形，利用"自由钢笔工具"修饰形状，如图 9-228 和图 9-229 所示。

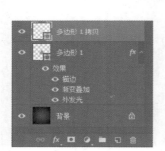

图 9-228

图 9-229

09 添加内阴影。执行"添加图层样式" fx →"内阴影"命令，打开"图层样式"面板。选择"内阴影"选项，设置参数，添加内阴影效果，如图 9-230 和图 9-231 所示。

图 9-230

图 9-231

**10** 绘制圆角矩形。新建图层，单击工具栏中的"圆角矩形工具"按钮，在选项栏中选择工具的模式为"形状"，颜色填充为 #c80002，绘制圆角矩形，如图 9-232 和图 9-233 所示。

图 9-232

图 9-233

**11** 添加描边。执行"添加图层样式" fx. →"描边"命令，打开"图层样式"面板。选择"描边"选项，设置参数，添加描边效果，如图 9-234 和图 9-235 所示。

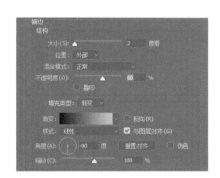

图 9-234

图 9-235

**12** 添加光泽。在打开的"图层样式"面板中选择"光泽"选项，设置参数，添加光泽效果，如图 9-236 和图 9-237 所示。

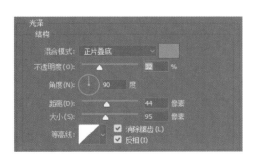

图 9-236

图 9-237

**13** 添加渐变叠加。在打开的"图层样式"面板中选择"渐变叠加"选项，设置参数，添加渐变叠加效果，如图 9-238 和图 9-239 所示。

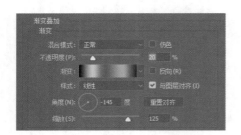

图 9-238                                    图 9-239

14 绘制形状。单击工具栏中的"钢笔工具"按钮，在选项栏中选择工具的模式为"形状"，填充为黑色，绘制形状，如图 9-240 和图 9-241 所示。

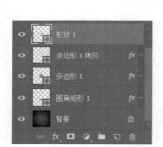

图 9-240                                    图 9-241

15 添加描边。执行"添加图层样式" *fx.* →"描边"命令，打开"图层样式"面板。选择"描边"选项，设置参数，添加描边效果，如图 9-242 和图 9-243 所示。

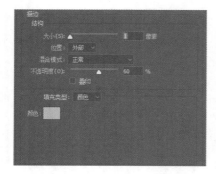

图 9-242                                    图 9-243

16 添加外发光。在打开的"图层样式"面板中选择"外发光"选项，设置参数，添加外发光效果，如图 9-244 和图 9-245 所示。

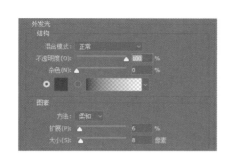

图 9-244

图 9-245

17 添加投影。在打开的"图层样式"面板中选择"投影"选项，设置参数，添加投影效果，如图 9-246 和图 9-247 所示。

图 9-246

图 9-247

18 绘制形状。单击工具栏中的"钢笔工具"按钮，在选项栏中选择工具的模式为"形状"，填充为黑色，绘制状态栏中的形状，如图 9-248 和图 9-249 所示。

图 9-248

图 9-249

19 添加描边。执行"添加图层样式" fx. →"描边"命令，打开"图层样式"面板。选择"描边"选项，设置参数，添加描边效果，如图 9-250 和图 9-251 所示。

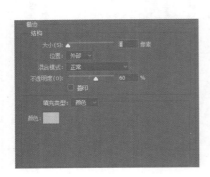

图 9-250

图 9-251

20 添加外发光。在打开的"图层样式"面板中选择"外发光"选项，设置参数，添加外发光效果，如图 9-252 和图 9-253 所示。

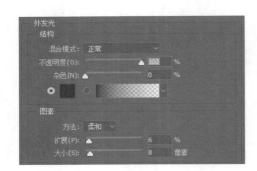

图 9-252

图 9-253

21 添加投影。在打开的"图层样式"面板中选择"投影"选项，设置参数，添加投影效果，如图 9-254 和图 9-255 所示。

图 9-254

图 9-255

22 绘制形状。单击工具栏中的"钢笔工具"按钮，在选项栏中选择工具的模式为"形状"，填充为白色，绘制形状，将图层不透明度设为 50%，如图 9-256 和图 9-257 所示。

图 9-256

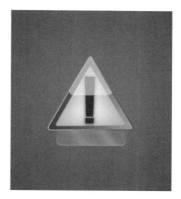

图 9-257

23 添加文字。单击工具栏中的"横排文字工具"按钮，在选项栏中选择字体为黑体，颜色为白色，添加文字，如图 9-258 和图 9-259 所示。

图 9-258

图 9-259

24 添加渐变叠加。执行"添加图层样式" fx. →"渐变叠加"命令，打开"图层样式"面板。选择"渐变叠加"选项，设置参数，添加渐变叠加效果，如图 9-260 和图 9-261 所示。

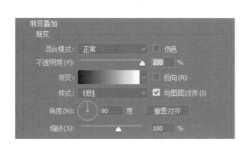

图 9-260

图 9-261

25 添加投影。在打开的"图层样式"面板中选择"投影"选项，设置参数，添加投影效果，如图 9-262 和图 9-263 所示。

图 9-262

图 9-263

26 添加文字。单击工具栏中的"横排文字工具"按钮,在选项栏中选择字体为英文字体,颜色为 #939292,添加文字,如图 9-264 和图 9-265 所示。

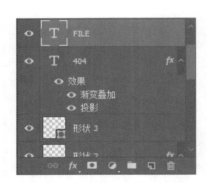

图 9-264

图 9-265

27 添加外发光。执行"添加图层样式" fx, →"外发光"命令,打开"图层样式"面板。选择"外发光"选项,设置参数,添加外发光效果,如图 9-266 和图 9-267 所示。

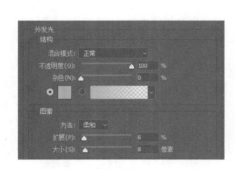

图 9-266

图 9-267

28 添加投影。在打开的"图层样式"面板中选择"投影"选项,设置参数,添加投影效果,如图 9-268 和图 9-269 所示。

图 9-268

图 9-269

29 添加更多效果。用同样的方法绘制更多效果，这样就完成了报错页面的案例制作，如图 9-270 和图 9-271 所示。

图 9-270

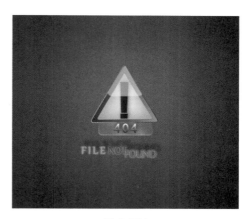

图 9-271

## 9.5　UI 设计师必备技能：界面设计

一个产品的 UI 界面代表着该产品的气质和品位，就像商品的包装，包装的好坏在一定程度上影响着商品的销量。俗话说，人靠衣装，佛靠金装，好的 APP UI 能给用户非常深刻的第一印象，提升产品的活跃度，可见，APP 界面设计非常重要。

### 9.5.1　清晰地展现信息层级

对于 APP 的 UI 设计，在层级方面需要遵循的原则是：①尽量用更少的层级来展示信息，因为在移动场景中，用户的注意时长更短，需要在最短的时间内引导用户关注到核心信息，以完成主要操作，如果层级过多，会使效率更低；②当不可避免地要采用多个层级时，应使用尽可能少的设计手法做层级区分，例如，区分信息 Tab A 和信息 Tab B，可以用颜色、大小、亮度或动静等手法来区分，但是在这些手法中尽量选择一种，不要两种叠加，这样可以使界面展现更为优雅。

### 9.5.2　采用一致的设计语言

这一点很好理解，在整个 APP 中采用一致的配色方案、材质、元素、厚度，但这里需要注意的是，设计语言不仅限于这些内容，还需要在相同的使用场景中，针对相同性质的控件，提供一致的交互和样式呈现 ( 图 9-272)。这样做的意义是尽量降低用户的学习成本，尽快从新手过渡到中等熟练阶段。

图 9-272

### 9.5.3　在细节上给予惊喜

这一点，我们认为是最难的，也是体现设计师创新力和水平的部分，做得出色，可以让用户产生强烈的印象和好感。一个直观的翻页动画，一个有趣的加载状态，甚至一段让人忍俊不禁的文案，都能够为一个 APP 锦上添花。

# 第 10 章

## APP 中的导航设计

本章主要收录了四个界面实战案例，涉及图层样式、混合模式、滤镜的使用等技巧和方法。通过本章的学习，读者不仅可以学到更高级的操作技巧，还可以熟练掌握设计整体手机界面的工作流程。

## 关键知识点：

透明效果表现

画笔工具应用

设计导航和标题栏

扁平化手机界面设计

## 10.1 导航栏设计

导航栏用于帮助上网者找到想要浏览的网页。基本上每个网站都有自己的网站导航系统，为网页的浏览者提供导航服务。也有专业的导航网站提供专业的导航服务。

### 10.1.1 设计构思

本例制作导航栏。首先绘制圆角矩形作为导航栏的框架，再添加相应的导航文字，使导航栏的使用更直接，最后为导航栏绘制倒影，使效果更加精彩。

### 10.1.2 操作步骤

**01** 新建文档。执行"文件"→"新建"命令，在弹出的"新建文档"窗口中，新建一个 3×2 英寸的文档，填充黑色，如图 10-1 所示。

图 10-1

**02** 绘制圆角矩形。新建图层，单击工具栏中的"圆角矩形工具"按钮，在选项栏中选择工具的模式为"形状"，填充颜色为 #7b7b7b，如图 10-2 和图 10-3 所示。

图 10-2

图 10-3

**03** 添加描边。执行"添加图层样式" *fx.* →"描边"命令，打开"图层样式"面板。选择"描边"选项，设置参数，添加描边效果，如图 10-4 和图 10-5 所示。

**04** 添加渐变叠加。在打开的"图层样式"界面中选择"渐变叠加"选项，设置参数，添加渐变叠加效果，如图 10-6 和图 10-7 所示。

**05** 绘制圆角矩形。新建图层，单击工具栏中的"圆角矩形工具"按钮，在选项栏中选择工具的模式为"形状"，填充颜色为 #bebebe，如图 10-8 和图 10-9 所示。

图 10-4

图 10-5

图 10-6

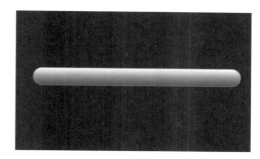

图 10-7

图 10-8

图 10-9

06 添加描边。执行"添加图层样式" fx → "描边"命令，打开"图层样式"面板。选择"描边"选项，设置参数，添加描边效果，如图 10-10 和图 10-11 所示。

图 10-10

图 10-11

07 绘制圆角矩形。新建图层，单击工具栏中的"圆角矩形工具"按钮，在选项栏中选择工具的模式为"形状"，填充颜色为黑色，如图 10-12 和图 10-13 所示。

图 10-12

图 10-13

08 添加斜面和浮雕。执行"添加图层样式" fx. →"斜面和浮雕"命令，打开"图层样式"面板。选择"斜面和浮雕"选项，设置参数，添加斜面和浮雕效果，如图 10-14 和图 10-15 所示。

图 10-14

图 10-15

09 添加描边。在打开的"图层样式"界面中选择"描边"选项，设置参数，添加描边效果，如图 10-16 和图 10-17 所示。

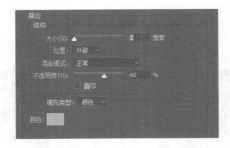

图 10-16

图 10-17

10 盖印图层。关闭背景图层前的眼睛图标，按 Ctrl + Shift + Alt + E 组合键盖印当前图层，如图 10-18 和图 10-19 所示。

图 10-18

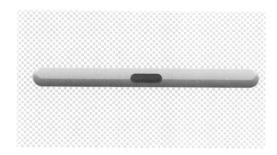

图 10-19

11 绘制倒影。将"图层 1"移动到背景图层上方，单击图层面板下方的"添加矢量蒙版"按钮，添加蒙版。用黑色的画笔工具改变图层不透明度，画出倒影，如图 10-20 和图 10-21 所示。

图 10-20

图 10-21

12 添加文字。单击工具栏中的"横排文字工具"按钮，输入导航栏文字，完成导航栏案例的设计，如图 10-22 和图 10-23 所示。

图 10-22

图 10-23

## 10.2 透明列表界面设计

消息列表是我们日常生活中最常见的功能项，很多地方都有消息列表的应用，比如在QQ、微信、微博等软件中都离不开消息列表，通过消息列表，我们可以清楚直观地知道当前的信息。

### 10.2.1 设计构思

本案例制作一个透明的消息列表。首先绘制透明的窗口，使消息列表别具一格，再通过细节的叠加，使消息列表更加形象，通过发光选项，对当前消息起到提示的作用，最后通过对信息的完善来获得完整的消息列表。

### 10.2.2 操作步骤

图 10-24

01 新建文档。执行"文件"→"新建"命令，在弹出的"新建文档"窗口中，新建一个 3×2 英寸的文档，填充黑色，如图 10-24 所示。

02 填充渐变。新建图层，单击工具栏中的"渐变工具"，设置渐变编辑器，在图层中填充渐变色，并将图层不透明度设为 52%，如图 10-25 到图 10-27 所示。

图 10-25

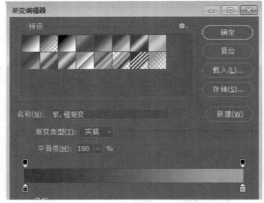

图 10-26

图 10-27

03 绘制矩形。新建图层，单击工具栏中的"矩形工具"按钮，在选项栏中选择工具的模式为"形状"，绘制矩形，如图 10-28 和图 10-29 所示。

04 添加描边。执行"添加图层样式" fx →"描边"命令，打开"图层样式"面板。选择"描边"选项，设置参数，添加描边效果，如图 10-30 和图 10-31 所示。

05 添加外发光。在打开的"图层样式"界面中选择"外发光"选项，设置参数，添加外发光效果，如图 10-32 和图 10-33 所示。

图 10-28

图 10-29

图 10-30

图 10-31

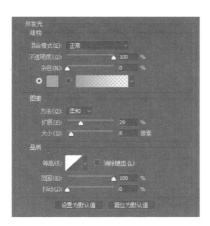

图 10-32

图 10-33

06 绘制形状。单击工具栏中的"钢笔工具"按钮，在选项栏中选择工具的模式为"形状"，绘制形状，如图 10-34 到图 10-36 所示。

**图 10-34**

**图 10-35**

**图 10-36**

07 绘制形状。用同样的方法绘制其他形状，绘制成简单的菜单项图标，如图 10-37 和图 10-38 所示。

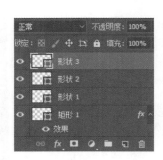

**图 10-37**

**图 10-38**

08 绘制椭圆。新建图层，单击工具栏中的"椭圆工具"按钮，在选项栏中选择工具的模式为"形状"，绘制椭圆，如图 10-39 和图 10-40 所示。

图 10-39

图 10-40

09 添加内阴影。执行"添加图层样式" fx. →"内阴影"命令，打开"图层样式"面板。选择"内阴影"选项，设置参数，添加内阴影效果，如图 10-41 和图 10-42 所示。

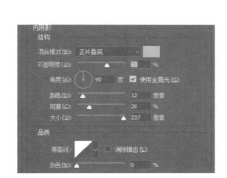

图 10-41

图 10-42

10 添加光泽。在打开的"图层样式"界面中选择"光泽"选项，设置参数，添加光泽效果，如图 10-43 和图 10-44 所示。

图 10-43

图 10-44

11 添加外发光。在打开的"图层样式"界面中选择"外发光"选项，设置参数，添加外发光效果，如图 10-45 和图 10-46 所示。

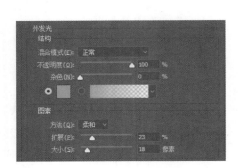

图 10-45

图 10-46

12 添加文字。单击工具栏中的"横排文字工具"按钮，输入导航栏文字，如图 10-47 和图 10-48 所示。

图 10-47

图 10-48

13 添加文字。单击工具栏中的"横排文字工具"按钮，输入文字，形成添加图标，如图 10-49 和图 10-50 所示。

图 10-49

图 10-50

14 绘制矩形。新建图层，单击工具栏中的"矩形工具"按钮，在选项栏中选择工具的模式为"形状"，绘制矩形，将图层的不透明度设为10%，如图10-51和图10-52所示。

图 10-51

图 10-52

15 绘制形状。单击工具栏中的"钢笔工具"按钮，在选项栏中选择工具的模式为"形状"，绘制形状，如图10-53和图10-54所示。

16 添加文字。单击工具栏中的"横排文字工具"按钮，输入文字，形成添加图标，如图10-55和图10-56所示。

图 10-53

图 10-54

图 10-55

图 10-56

17 绘制直线。单击工具栏中的"直线工具"按钮，在选项栏中选择工具的模式为"形状"，绘制直线，并将图层的不透明度设为10%，如图10-57和图10-58所示。

图 10-57

18 绘制矩形。新建图层，单击工具栏中的"矩形工具"按钮，在选项栏中选择工具的模式为"形状"，绘制矩形，如图 10-59 和图 10-60 所示。

19 绘制椭圆。新建图层，单击工具栏中的"椭圆工具"按钮，在选项栏中选择工具的模式为"形状"，按住 Shift 键绘制正圆，如图 10-61 和图 10-62 所示。

20 添加描边。执行"添加图层样式" fx.→"描边"命令，打开"图层样式"面板。选择"描边"选项，设置参数，添加描边效果，如图 10-63 和图 10-64 所示。

21 添加文字。单击工具栏中的"横排文字工具"按钮，输入文字，形成添加图标，如图 10-65 和图 10-66 所示。

图 10-58

图 10-59

图 10-60

图 10-61

图 10-62

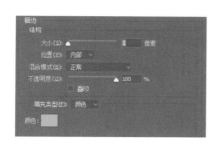

图 10-63

图 10-64

图 10-65

图 10-66

22 导入素材。执行"文件"→"打开"命令，选择头像素材。将素材拖曳到场景中，调节为适当的大小，如图 10-67 和图 10-68 所示。

图 10-67

图 10-68

23 创建剪贴图层。右击头像图层，选择"创建剪贴蒙版"选项，为椭圆图层创建剪贴蒙版，如图 10-69 和图 10-70 所示。

图 10-69

图 10-70

24 绘制椭圆。新建图层，单击工具栏中的"椭圆工具"按钮，在选项栏中选择工具的模式为"形状"，绘制椭圆，如图 10-71 和图 10-72 所示。

图 10-71

图 10-72

25 添加内阴影。执行"添加图层样式" 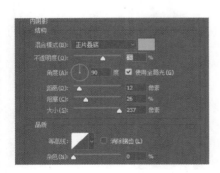 →"内阴影"命令，打开"图层样式"面板。选择"内阴影"选项，设置参数，添加内阴影效果，如图 10-73 和图 10-74 所示。

图 10-73

图 10-74

**26** 添加光泽。在打开的"图层样式"界面中选择"光泽"选项，设置参数，添加光泽效果，如图 10-75 和图 10-76 所示。

**27** 添加外发光。在打开的"图层样式"界面中选择"外发光"选项，设置参数，添加外发光效果，如图 10-77 和图 10-78 所示。

**28** 绘制更多效果。利用相同的方法，绘制更多的效果，完成透明的消息列表的案例，如图 10-79 所示。

图 10-75

图 10-76

图 10-77

图 10-78

图 10-79

## 10.3 设置界面设计

手机设置是每个手机出厂必备的功能。设置界面是手机中最基础的典型画面之一，一个好的手机设置界面设计，可以给用户良好的使用体验。

### 10.3.1 设计构思

本例制作手机设置界面。首先选择以黑灰色作为背景，让画面看起来了简洁明了，清晰的按钮设计不会让人觉得繁琐、难以理解，最后绘制常用通知项。整个界面简洁大方、便于操作。

### 10.3.2 操作步骤

**01** 新建文档。执行"文件"→"新建"命令，在弹出的"新建文档"窗口中，新建一个 600×900 像素的文档，如图 10-80 所示。

图 10-80

**02** 填充渐变。单击工具栏中的"渐变工具"，设置渐变编辑器，在背景图层中填充渐变色，如图 10-81 和图 10-82 所示。

**03** 导入素材。执行"文件"→"打开"命令，选择手机状态栏素材。将素材拖曳到场景中，调节适合的大小，如图 10-83 和图 10-84 所示。

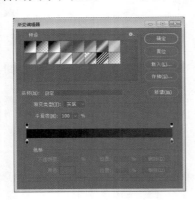

图 10-81

图 10-82

图 10-83

图 10-84

**04** 绘制矩形。新建图层，单击工具栏中的"矩形工具"按钮，在选项栏中选择工具的模式为"形状"，绘制矩形，如图 10-85 和图 10-86 所示。

图 10-85

图 10-86

05　绘制其他矩形。用同样的方法绘制其他的矩形，绘制成一个小图标，如图 10-87 和图 10-88 所示。

图 10-87

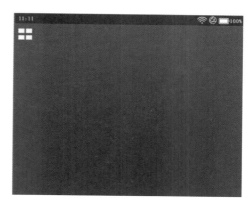

图 10-88

06　添加文字。单击工具栏中的"横排文字工具"按钮，输入文字，如图 10-89 和图 10-90 所示。

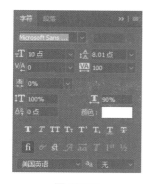

图 10-89

图 10-90

07　绘制圆角矩形。新建图层，单击工具栏中的"圆角矩形工具"按钮，在选项栏中选择工具的模式为"形状"，按住 Shift 键，绘制圆形，如图 10-91 和图 10-92 所示。

图 10-91

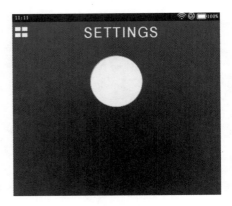

图 10-92

08 添加描边。执行"添加图层样式"→"描边"命令，打开"图层样式"面板。选择"描边"选项，设置参数，添加描边效果，如图 10-93 和图 10-94 所示。

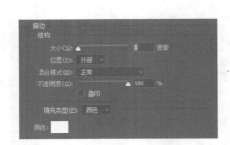

图 10-93

图 10-94

09 导入素材。执行"文件"→"打开"命令，选择头像素材。将素材拖曳到场景中，调节至适合的大小。右击素材图层，选择"创建剪贴蒙版"命令，如图 10-95 和图 10-96 所示。

图 10-95

图 10-96

10 绘制矩形。新建图层，单击工具栏中的"矩形工具"按钮，在选项栏中选择工具的模式为"形状"，绘制矩形，如图 10-97 和图 10-98 所示。

图 10-97

图 10-98

**11** 添加描边。执行"添加图层样式"→"描边"命令，打开"图层样式"面板。选择"描边"选项，设置参数，添加描边效果，如图 10-99 和图 10-100 所示。

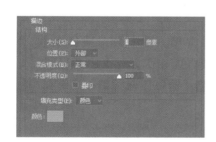

图 10-99

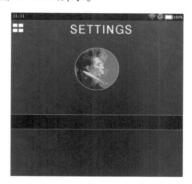

图 10-100

**12** 绘制其他。用相同的方法和思维去绘制其他内容和文字，完成大部分内容的制作，如图 10-101 和图 10-102 所示。

图 10-101

图 10-102

13 绘制圆角矩形。新建图层，单击工具栏中的"圆角矩形工具"按钮，在选项栏中选择工具的模式为"形状"，绘制圆角矩形，如图 10-103 和图 10-104 所示。

图 10-103

图 10-104

14 添加斜面和浮雕。执行"添加图层样式"→"斜面和浮雕"命令，打开"图层样式"面板。选择"斜面和浮雕"选项，设置参数，添加斜面和浮雕效果，如图 10-105 和图 10-106 所示。

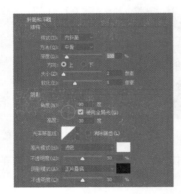

图 10-105

图 10-106

15 绘制圆角矩形。新建图层，单击工具栏中的"圆角矩形工具"按钮，在选项栏中选择工具的模式为"形状"，绘制圆角矩形，如图 10-107 和图 10-108 所示。

图 10-107

图 10-108

**16** 添加斜面和浮雕。执行"添加图层样式"→"斜面和浮雕"命令，打开"图层样式"面板。选择"斜面和浮雕"选项，设置参数，添加斜面和浮雕效果，如图 10-109 和图 10-110 所示。

图 10-109

图 10-110

**17** 添加文字。单击工具栏中的"横排文字工具"按钮，输入文字。用相同的方法绘制其他选项，完成设置列表这个案例，如图 10-111 所示。

图 10-111

## 10.4 扁平化手机界面的设计

在移动设备上，过于复杂的效果非但不能吸引用户，反而时常让用户在视觉上产生疲劳，对于产品界面中最基本的功能产生认知上的障碍。因此，我们在设计中就需要参考"扁平化"

的美学。"扁平化设计"指的是抛弃那些已流行多年的渐变、阴影、高光等拟真视觉效果，从而打造出一种看上去更"平"的界面。

### 10.4.1　设计构思

扁平化设计风格，更专注于简约、实用。扁平风格的一个最大优势就在于它可以更加简单直接地将信息和事物的工作方式展示出来，减少认知障碍的产生。

### 10.4.2　操作步骤

**01** 打开文件。执行"文件"→"打开"命令，在弹出的窗口中选择"背景.jpg"文件，单击"确定"按钮，打开文件，如图 10-112 所示。

**图 10-112**

**02** 设置滤镜。执行"滤镜"→"模糊"→"镜头模糊"命令，在打开的窗口中设置光圈参数，单击"确定"按钮关闭窗口，如图 10-113 和图 10-114 所示。

**图 10-113**　　　　　　　　　　　　　　　　　　**图 10-114**

**03** 绘制形状。单击工具栏中的"钢笔工具"按钮，在选项栏中选择工具的模式为"形状"，绘制形状，如图 10-115 和图 10-116 所示。

形状　　填充：　描边：　1像素　　　　　W: 42像素　GO　H: 48像素　　　　　自动添加/删除　对齐边缘

**图 10-115**

图 10-116

04 添加文字。单击工具栏中的"横排文字工具"按钮，输入文字，添加天气信息，如图 10-117 和图 10-118 所示。

图 10-117

图 10-118

05 绘制形状。单击工具栏中的"横排文字工具"按钮，输入文字"<"，作为选择形状图标，并将图层不透明度设为 34%，如图 10-119 和图 10-120 所示。

图 10-119　　　　　　　　　　　　　　　图 10-120

　　**06** 绘制其他形状。用与上个步骤一样的做法，绘制另一个选择图标，并将图层不透明度设为 34%，如图 10-121 和图 10-122 所示。

图 10-121　　　　　　　　　　　　　　　图 10-122

　　**07** 绘制形状。单击工具栏中的"钢笔工具"按钮，在选项栏中选择工具的模式为"形状"，绘制天气图标形状，如图 10-123 和图 10-124 所示。

图 10-123                                           图 10-124

08 绘制其他天气图标。单击工具栏中的"钢笔工具"按钮，在选项栏中选择工具的
模式为"形状"，绘制其他天气图标形状，如图 10-125 和图 10-126 所示。

图 10-125                                           图 10-126

09 绘制椭圆。新建图层，单击工具栏中的"椭圆工具"按钮，在选项栏中选择工具
的模式为"形状"，绘制椭圆，如图 10-127 和图 10-128 所示。

图 10-127

图 10-128

10 添加描边。执行"添加图层样式"→"描边"命令，打开"图层样式"面板。选择"描边"选项，设置参数，添加描边效果，如图 10-129 和图 10-130 所示。

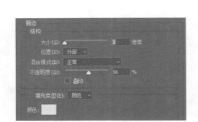

图 10-129

图 10-130

11 添加外发光。在打开的"图层样式"界面中选择"外发光"选项，设置参数，添加外发光效果，如图 10-131 和图 10-132 所示。

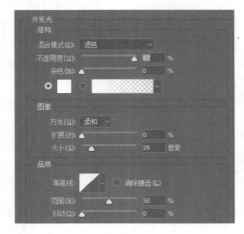

图 10-131

图 10-132

12 绘制其他椭圆。新建图层，单击工具栏中的"椭圆工具"按钮，在选项栏中选择工具的模式为"形状"，绘制其他椭圆按钮，如图 10-133 和图 10-134 所示。

图 10-133

图 10-134

13 添加文字。单击工具栏中的"横排文字工具"按钮，输入文字，添加天气信息，如图 10-135 和图 10-136 所示。

图 10-135

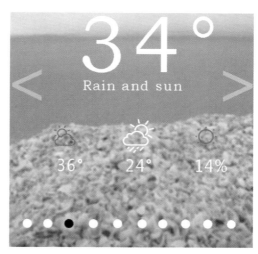

图 10-136

14 绘制形状。单击工具栏中的"钢笔工具"按钮，在选项栏中选择工具的模式为"形状"，绘制天气图标形状，如图 10-137 和图 10-138 所示。

15 绘制其他形状。单击工具栏中的"钢笔工具"按钮，在选项栏中选择工具的模式为"形状"，绘制天气指数形状，完成本案例的绘制，如图 10-139 和图 10-140 所示。

图 10-137

图 10-138

图 10-139

图 10-140

16 更多扁平化效果。更多效果如图 10-141 所示。

图 10-141

## 10.5　UI 设计师必备技能：UI 设计原则

　　说起UI设计，就不得不提一提交互设计。交互设计是定义、设计人造系统行为的设计领域，它定义了两个或多个互动的个体之间交流的内容和结构，使之互相配合，共同达成某种目的。那么，交互设计师在整个交互的过程中需要遵循哪些设计原则呢？我们根据自身经验，总结了交互设计的六大设计原则。

### 10.5.1　可视性

　　可视性，简而言之就是指直观可见的程度。交互设计师在交互的过程中，这点是首先要规划好的。功能可视性越好，越方便用户发现和了解使用方法。功能可视性把握不好的话，也就很难达成良好的用户体验效果，也有可能直接导致整个设计的失败。因此，交互设计的第一项原则就是可视性。

### 10.5.2 反馈

反馈与活动相关的信息，以便用户能够继续下一步操作。所有的设计，最终目标还是达成用户的满意。设计是为用户服务的，所以，交互过程要能够引导用户进行下一步的操作，以方便用户为准。

### 10.5.3 限制

在特定时刻显示用户操作，以防误操作。把握好时刻也是设计师需要注意的一点，以避免不必要的一些麻烦。

### 10.5.4 映射

所谓映射，即是在交互设计中，设计师要准确表达控制及其效果之间的关系。

### 10.5.5 一致性

保证同一系统的同一功能的表现及操作一致。这样做的目的，也是为了简化整个交互流程，提高操作的效率。化繁为简才能更好地给客户带来好的一个体验。

### 10.5.6 启发性

即提供充分准确的操作提示。

交互设计的六大设计原则旨在规范整个交互流程，也是为了实现更好的用户体验。把握好以上的六大设计原则，整个交互流程也就容易成功。

# 第 11 章

## APP 综合案例设计

本章主要详解 APP 商业案例实战，从色彩、布局、风格等搭配运用方面，展示 APP 整体创作的过程，使读者能够真正掌握 UI 设计的精髓。通过本章的学习与思考，可以实现独立设计常用流行应用界面的目的。

## 关键知识点：

APP 整体设计

引导界面

登录／注册界面

扁平化选择

欢迎界面

## 11.1 引导界面设计

第一次打开一款应用的时候常常会看到精美的引导页设计，引导页用来制造第一印象。因为第一印象的好坏，会极大地影响后续的产品使用体验。

### 11.1.1 设计构思

本例制作 APP 的引导页界面。引导页是一个 APP 的"脸面"，所以引导页要吸引眼球，干净整洁，具有引导性。本例使用图片的背景，搭配清新的颜色，制作整个 APP 的颜色和格调的先行页。

### 11.1.2 操作步骤

图 11-1

**01** 新建文件。执行"文件"→"新建"命令，在弹出的"新建文档"对话框中，新建一个 720×1280 像素的文档，如图 11-1 所示。

**02** 打开文件。执行"文件"→"打开"命令，在弹出的对话框中选择素材图片，单击"确定"按钮关闭文件选择对话框，将图片拖曳到场景中，调整大小和位置，如图 11-2 和图 11-3 所示。

图 11-2

图 11-3

**03** 绘制矩形。新建图层，单击工具栏中的"矩形工具"按钮，在选项栏中选择工具的模式为"形状"，填充颜色为 #3a9ca7，改变图层的不透明度为 80%，如图 11-4 和图 11-5 所示。

图 11-4

图 11-5

04 绘制椭圆。新建图层，单击工具栏中的"椭圆工具"按钮，在选项栏中选择工具的模式为"形状"，填充颜色为 #dcdcdc，按住 Shift 键绘制正圆，改变图层的不透明度为40%，如图 11-6 和图 11-7 所示。

图 11-6

图 11-7

05 绘制椭圆。新建图层，单击工具栏中的"椭圆工具"按钮，在选项栏中选择工具的模式为"形状"，按住 Shift 键绘制正圆。用同样的方法绘制更多的正圆，如图 11-8 和图 11-9 所示。

图 11-8

图 11-9

06 添加文字。单击工具栏中的"横排文字工具"按钮，输入文字，添加介绍文字，如图 11-10 和图 11-11 所示。

图 11-10

图 11-11

07 绘制矩形。新建图层，单击工具栏中的"矩形工具"按钮，在选项栏中选择工具的模式为"形状"，填充颜色为 #7b7b7b，如图 11-12 和图 11-13 所示。

图 11-12

图 11-13

08 添加描边。执行"添加图层样式"→"描边"命令，打开"图层样式"面板。选择"描边"选项，设置参数，添加描边效果，如图 11-14 和图 11-15 所示。

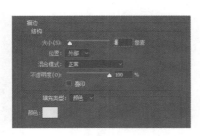

图 11-14

图 11-15

09　添加文字。单击工具栏中的"横排文字工具"按钮，输入文字，添加功能文字，如图 11-16 和图 11-17 所示。

图 11-16

图 11-17

10　绘制矩形。新建图层，单击工具栏中的"矩形工具"按钮，在选项栏中选择工具的模式为"形状"，填充颜色为黑色，将图层的不透明度设为 50%，如图 11-18 和图 11-19 所示。

图 11-18

图 11-19

11　绘制形状。单击工具栏中的"钢笔工具"按钮，在选项栏中选择工具的模式为"形状"，绘制信号的图标形状，如图 11-20 和图 11-21 所示。

图 11-20

图 11-21

⑫ 绘制电池形状。单击工具栏中的"钢笔工具"按钮，在选项栏中选择工具的模式为"形状"，绘制电池的图标形状，如图 11-22 和图 11-23 所示。

图 11-22

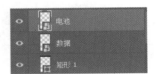

图 11-23

⑬ 绘制 Wi-Fi 形状。单击工具栏中的"钢笔工具"按钮，在选项栏中选择工具的模式为"形状"，绘制 Wi-Fi 信号的图标形状，如图 11-24 和图 11-25 所示。

图 11-24

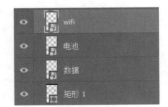

图 11-25

⑭ 添加时间。单击工具栏中的"横排文字工具"按钮，输入时间。这样就完成了这个 APP 的引导界面案例设计，将各个部分放置到一个组内，如图 11-26 和图 11-27 所示。

图 11-26

图 11-27

## 11.2 登录 / 注册界面的设计

登录 / 注册界面是网站或 APP 常用的小组件之一，功能虽少，但却很重要。登录 / 注册页面可以说是与用户关系最为密切的页面之一，所以此页面的用户体验需格外重视，一个美观易用的登录页面不仅能给用户留下深刻的印象，也有可能吸引临时访客注册。

### 11.2.1 设计构思

本例制作 APP 的登录 / 注册界面。本例使用耳机图片作为背景，搭配清新的颜色，营造出美观易用的页面，整体颜色与先前的页面相映衬，体现了 APP 各界面之间的密切关系。

### 11.2.2 操作步骤

**01** 打开文件。执行"文件"→"打开"命令，在弹出的对话框中选择背景图片，单击"确定"按钮关闭文件选择对话框，打开背景图片，如图 11-28 所示。

图 11-28

**02** 替换颜色。执行"图像"→"调整"→"替换颜色"命令，在弹出的对话框中设置替换颜色参数，单击"确定"按钮关闭对话框，如图 11-29 和图 11-30 所示。

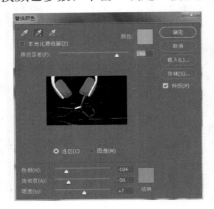

图 11-29

图 11-30

**03** 裁剪图形。单击工具栏中的"裁剪工具"，设置比例为 16:9，大小为 720 和 1280 像素，裁剪图形，按 Enter 键确定操作，如图 11-31 到图 11-33 所示。

图 11-31

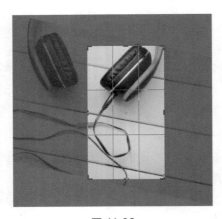

图 11-32

图 11-33

**04** 拖曳图形。单击工具栏中的"移动工具"，将图层拖曳到场景文件中，并关闭原场景中的其他图层，如图 11-34 和图 11-35 所示。

图 11-34

图 11-35

**05** 添加图层。按 Ctrl + J 组合键新建图层，将前景色设为白色，按 Alt + Delete 组合键填充前景色，并将图层的不透明度设为 15%，如图 11-36 和图 11-37 所示。

图 11-36

图 11-37

**06** 添加图层蒙版。单击"图层"面板下面的"添加图层蒙版"按钮，为图层建立蒙版。单击工具栏中的"画笔工具"，将颜色设置为黑色，调节为合适的不透明度，涂抹耳机部分，如图 11-38 和图 11-39 所示。

图 11-38

图 11-39

**07** 绘制圆角矩形。新建图层，单击工具栏中的"圆角矩形工具"按钮，在选项栏中选择工具的模式为"形状"，填充颜色为白色，如图 11-40 和图 11-41 所示。

图 11-40

图 11-41

08 绘制圆角矩形。新建图层，单击工具栏中的"圆角矩形工具"按钮，在选项栏中选择工具的模式为"形状"，填充颜色为 #00cfa9，如图 11-42 和图 11-43 所示。

图 11-42

图 11-43

09 添加文字。单击工具栏中的"横排文字工具"按钮，然后输入登录或注册文字，如图 11-44 和图 11-45 所示。

图 11-44

图 11-45

10 绘制矩形。新建图层，单击工具栏中的"矩形工具"按钮，在选项栏中选择工具的模式为"形状"，填充颜色为 #9df9ed，将图层的不透明度设为 68%，如图 11-46 和图 11-47 所示。

图 11-46

图 11-47

11 添加文字。单击工具栏中的"横排文字工具"按钮，输入简单的文字说明，这样就完成了简单的登录/注册界面的设计，如图 11-48 和图 11-49 所示。

图 11-48

图 11-49

## 11.3 扁平化选择列表设计

扁平化概念最核心的地方就是：去掉冗余的装饰效果，意思是去掉多余的透视、纹理、渐变等能做出 3D 效果的元素，让"信息"本身重新作为核心被凸显出来，并且在设计元素上强调抽象、极简、符号化。

### 11.3.1 设计构思

本例制作扁平化的列表界面。本例首先绘制矩形，再将素材拖入文档中，然后创建剪贴蒙版，最后增加文字说明，即可完成整个界面的制作。

### 11.3.2 操作步骤

01 新建图层。按 Ctrl + J 组合键新建图层，将前景色设置为白色，按 Alt + Delete 组合键填充白色，并将其他界面隐藏，如图 11-50 所示。

图 11-50

02 绘制矩形。新建图层，单击工具栏中的"矩形工具"按钮，在选项栏中选择工具的模式为"形状"，填充颜色为 #1ca7b7，如图 11-51 和图 11-52 所示。

03 绘制矩形。新建图层，单击工具栏中的"矩形工具"按钮，在选项栏中选择工具的模式为"形状"，填充颜色为白色。用同样的方法绘制另外的矩形，如图 11-53 和图 11-54 所示。

图 11-51

图 11-52

图 11-53

图 11-54

04 添加文字。单击工具栏中的"横排文字工具"按钮，输入简单的文字说明，说明此界面的功能，如图 11-55 和图 11-56 所示。

图 11-55

图 11-56

05 绘制矩形。新建图层，单击工具栏中的"矩形工具"按钮，在选项栏中选择工具的模式为"形状"，填充颜色为 #dcdcdc，如图 11-57 和图 11-58 所示。

06 打开素材。执行"文件"→"打开"命令，在弹出的对话框中选择图片，单击"确定"按钮关闭文件选择对话框，将打开的图片拖曳到场景中，按 Ctrl + T 组合键，将图片调节为合适的大小，如图 11-59 和图 11-60 所示。

图 11-57

图 11-58

图 11-59

图 11-60

07 创建剪贴蒙版。右击图层，选择"创建剪贴蒙版"命令，并将图层模式设置为"变暗"，如图 11-61 和图 11-62 所示。

图 11-61

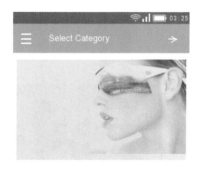

图 11-62

08 绘制矩形。新建图层，单击工具栏中的"矩形工具"按钮，在选项栏中选择工具的模式为"形状"，填充颜色为 #2a282b，如图 11-63 和图 11-64 所示。

09 添加文字。单击工具栏中的"横排文字工具"按钮，输入选项文字说明，如图 11-65 和图 11-66 所示。

图 11-63

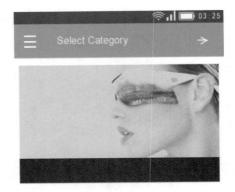

图 11-64

图 11-65

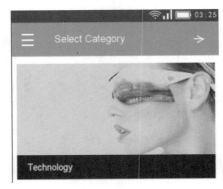

图 11-66

10 绘制形状。单击工具栏中的"钢笔工具"按钮，在选项栏中选择工具的模式为"形状"，绘制形状，如图 11-67 和图 11-68 所示。

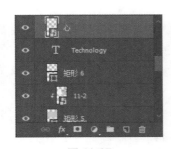

图 11-67

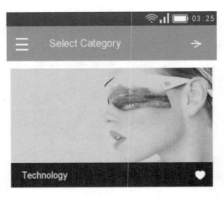

图 11-68

11 绘制更多效果。用相同的方式将界面绘制完整，如图 11-69 所示。

图 11-69

# 11.4　欢迎界面的设计

　　第一次打开一款应用的时候，常常会看到精美的欢迎页，这些页面提前告知用户产品的主要功能与特点，并增加与用户的亲和力。因此各个公司都在努力将这几个页面设计好，从一开始就引人入胜。

## 11.4.1　设计构思

　　本例制作欢迎界面。首先利用几何形状的搭配来制作界面，然后利用色彩的搭配使界面具有清新文艺的特点。

## 11.4.2　操作步骤

　　**01** 新建图层。按 Ctrl + J 组合键新建图层，如图 11-70 所示，将前景色设置为白色，按 Alt + Delete 组合键填充白色，并将其他界面隐藏。

　　**02** 绘制椭圆。新建图层，单击工具栏中的"椭圆工具"按钮，在选项栏中选择工具的模式为"形状"，填充颜色为 #fda4ba，按住 Shift 键绘制正圆，改变图层的不透明度为 53%，如图 11-71 和图 11-72 所示。

图 11-70

图 11-71                                    图 11-72

03 绘制椭圆。新建图层，单击工具栏中的"椭圆工具"按钮，在选项栏中选择工具的模式为"形状"，按住 Shift 键绘制正圆。用同样的方法绘制更多的正圆，如图 11-73 和图 11-74 所示。

图 11-73                                    图 11-74

04 添加文字。单击工具栏中的"横排文字工具"按钮，输入欢迎界面的文字，如图 11-75 和图 11-76 所示。

图 11-75                                    图 11-76

**05** 绘制圆角矩形。新建图层，单击工具栏中的"圆角矩形工具"按钮，在选项栏中选择工具的模式为"形状"，填充颜色为白色，如图 11-77 和图 11-78 所示。

图 11-77

图 11-78

**06** 添加描边。执行"添加图层样式"→"描边"命令，打开"图层样式"面板。选择"描边"选项，设置参数，添加描边效果，如图 11-79 和图 11-80 所示。

图 11-79                                         图 11-80

**07** 绘制矩形。新建图层，单击工具栏中的"矩形工具"按钮，在选项栏中选择工具的模式为"形状"，填充颜色为 #1ca7b7，如图 11-81 和图 11-82 所示。

**08** 绘制矩形。新建图层，单击工具栏中的"矩形工具"按钮，在选项栏中选择工具的模式为"形状"，填充颜色为 #f8f8f8，如图 11-83 和图 11-84 所示。

**09** 绘制矩形。新建图层，单击工具栏中的"矩形工具"按钮，在选项栏中选择工具的模式为"形状"，填充颜色为 #f8f8f8，绘制其他矩形形状，如图 11-85 和图 11-86 所示。

**图 11-81**

**图 11-82**

**图 11-83**

**图 11-84**

**图 11-85**

**图 11-86**

10 绘制椭圆。新建图层，单击工具栏中的"椭圆工具"按钮，在选项栏中选择工具的模式为"形状"，按住 Shift 键绘制正圆。用同样的方法绘制更多的正圆，如图 11-87 和图 11-88 所示。

**图 11-87**

**图 11-88**

11 绘制形状。单击工具栏中的"钢笔工具"按钮，在选项栏中选择工具的模式为"形状"，绘制形状，完成本案例的制作，如图 11-89 所示。

**图 11-89**

12 更多效果。利用相似的做法绘制更多的界面，如图 11-90 到图 11-93 所示。

**图 11-90**

**图 11-91**

**图 11-92**

**图 11-93**